全国职业培训推荐教材
人力资源和社会保障部教材办公室评审通过
适合于职业技能短期培训使用

中式面点制作

（第二版）

王　美　主编

中国劳动社会保障出版社

图书在版编目(CIP)数据

中式面点制作/王美主编. —2版. —北京：中国劳动社会保障出版社，2015

ISBN 978-7-5167-2078-3

Ⅰ.①中… Ⅱ.①王… Ⅲ.①面食-制作-中国 Ⅳ.①TS972.116

中国版本图书馆CIP数据核字(2015)第225549号

中国劳动社会保障出版社出版发行

(北京市惠新东街1号 邮政编码：100029)

*

北京鑫海金澳胶印有限公司印刷装订 新华书店经销

850毫米×1168毫米 32开本 4.875印张 123千字

2015年10月第2版 2024年8月第24次印刷

定价：10.00元

营销中心电话：400-606-6496

出版社网址：http://www.class.com.cn

前言

职业技能培训是提高劳动者知识与技能水平、增强劳动者就业能力的有效措施。职业技能短期培训，能够在短期内使受培训者掌握一门技能，达到上岗要求，顺利实现就业。

为了适应开展职业技能短期培训的需要，促进短期培训向规范化发展，提高培训质量，中国劳动社会保障出版社组织编写了职业技能短期培训系列教材，涉及二产和三产百余种职业（工种)。在组织编写教材的过程中，以相应职业（工种）的国家职业标准和岗位要求为依据，并力求使教材具有以下特点：

短。教材适合 15～30 天的短期培训，在较短的时间内，让受培训者掌握一种技能，从而实现就业。

薄。教材厚度薄，字数一般在 10 万字左右。教材中只讲述必要的知识和技能，不详细介绍有关的理论，避免多而全，强调有用和实用，从而将最有效的技能传授给受培训者。

易。内容通俗，图文并茂，容易学习和掌握。教材以技能操作和技能培养为主线，用图文相结合的方式，通过实例，一步步地介绍各项操作技能，便于学习、理解和对照操作。

这套教材适合于各级各类职业学校、职业培训机构在开展职业技能短期培训时使用。欢迎职业学校、培训机构和读者对教材中存在的不足之处提出宝贵意见和建议。

人力资源和社会保障部教材办公室

简介

本书首先对中式面点师岗位认知进行简要介绍，加强学员对中式面点师基本知识的认知，在此基础上，对中式面点制作常用面坯、常用原料、基本技术动作进行分析介绍，最后介绍了常见中式面点品种的制作。

本书从中式面点的基本岗位实际要求出发，针对不同层次的职业技能短期培训学员的特点，进一步精简理论，突出技能操作，从而强化技能的实用性。全书语言通俗易懂，图文并茂，使学员能够通过本书的学习，达到中式面点师岗位的工作要求，实现快速上岗。

本书由王美主编。彭兴全、崔红军参加编写。

目录

第一单元　中式面点师岗位认知

中式面点师是指运用中国传统和现代的成型技术和成熟方法，对面点的主料和辅料进行加工，制成具有中国特色及风味的面食、点心或小吃的人员。从事中式面点师职业工作，应了解并掌握相关知识。

模块一　中式面点师岗位入门

一、认识中式面点

面点是面食与点心的总称，它包括面食、米食、点心、小吃等。

中式面点从广义上讲，泛指用各种粮食（米、麦、杂粮等）、豆类、果品、鱼虾以及根茎菜类为原料，配以多种馅料制作的各种米面制品；从狭义上讲，特指利用各种粉料（主要是面粉和米粉）调制面坯制成的主食、小吃和正餐宴席上的各种点心。中式面点从内容上看，既是人们日常生活中不可缺少的主食，也是人们调剂口味的辅食。

中式面点工艺是指以粮食粉料为主坯，以动植物原料作馅心，经过调味、成型和熟制方法制作面食、点心的过程。

二、认识中式面点在餐饮活动中的地位

在民众的日常饮食中，面点占有举足轻重的地位。从整个餐饮行业来看，它是重要的组成部分之一，面点制作与菜肴烹调构成了我国饮食业的主体生产经营业务。从旅游业来看，它是旅游收入的重要组成部分。在食、住、行、游、购、娱六大旅游要素

中，中式面点在食、购、娱方面均占有重要地位。

1. 面点制作与菜肴烹调相互关联、互相配合、密不可分

从餐饮经营看，有菜无点，如同有花无叶，所以菜与点是互相依存、互相衬托的。从菜与点的配合上看，它们互相搭配和组合。烤鸭与鸭饼、樟茶鸭与荷叶夹、肉末烧饼的肉末与烧饼的配套、涮羊肉与芝麻酱烧饼配套，均体现了面点在餐饮业中的地位。

2. 面点制作具有相对的独立性，可离开菜肴烹调单独经营

面点制品由于有面臊的搭配、皮馅的搭配，因而具备了独立经营的可能性，如各种包子铺、饺子馆、面条店。京城老字号“馄饨侯”“庆丰包子铺”等，都是独立经营面食的。

3. 面点制品具有食用方便、易于携带的特点

由于一部分面点制品食用时对温度没有严格的要求，还有一部分制品可即做即食或携带离店，因此食用面点制品具有食用方便、易于携带的特点，如各式茶点、船点、小吃等。面点的这一特点也使其成为旅游业中“购”的重要组成。

4. 面点制品一般具有经济实惠、营养丰富、应时适口、体积可大可小的特点

面点所用的主要原料一般价格便宜、成本低廉，因而对顾客来说经济实惠。包子、饺子、炒饼、面条都是经济实惠的大众面食。面点多为不同的原料组合在一起，许多品种同时选用粮食、肉类、菜类或豆类、坚果，因而在原料的组合上符合蛋白质互补的原则，营养丰富。面点所用原料，大都随季节不断变化，如饺子冬天可有猪肉大白菜馅或羊肉萝卜馅，夏天可有茄子、西葫芦、芹菜、韭菜等。另外，中式面点还有许多时令产品，如饺子、元宵、春饼、粽子、月饼等，所以说它应时适口。面点食品在体积上可大可小，灵活多变。如：麻花大的有 500 g 面粉只做一个的天津十八街麻花，小的有 500 g 面粉做 120 个的小茶点麻花；包子有 50 g 面粉做一个的菜肉大包子，小的有 50 g 面粉做 4 个的小笼包子。这种体积上的灵活多变，方便了经营者，也方

便了消费者。

三、认识中式面点风味特色

我国历史悠久、地域广阔、民族众多，气候条件的不同和饮食生活习惯各异，使中式面点在选料、口味、技艺上形成了不同的风格和流派。我国的面点以长江为界分南北两大风味，具体又有京式、苏式、广式、川式、晋式和秦式六个流派。

1. 京式面点

京式面点，泛指黄河下游以北大部分地区制作的面食、小吃和点心。它包括山东地区及华北、东北等地流行的民间风味小吃和宫廷风味的点心。由于它以北京为代表，故称京式面点。京式面点的特点是：

（1）原料以面粉为主，杂粮居多。我国北方广大地区盛产小麦、杂粮，这些是京式面点工艺中的主要原料。

（2）馅心口味甜咸分明，口感鲜香、柔软、松嫩。由于我国北方的纬度较高，气候寒冷干燥，因而京式面点在馅心制作上多用“水打馅”，以增加水分。咸馅调制多用葱、姜、黄酱、香油等调料加重口味，形成了北方地区的独特风味。如天津的狗不理包子，就是加入骨头汤，放入葱花、香油等搅拌均匀成馅的，其风味特点是：口味醇香，鲜嫩适口，肥而不腻。

（3）面食制作技艺性强。京式面点中被称为四大面食的抻面、削面、小刀面、拨鱼面，不但制作工艺精湛，而且口味筋道、爽滑。如在银丝卷制作中，不仅要经过和面、发酵、揉面、溜条、抻条、包卷、蒸熟等七道工序，同时面点师还必须有娴熟的抻面技术，抻出的条要粗细均匀、不断不乱、互不粘连，经包卷、蒸制，成为暄腾软和、色白味香的银丝卷。

京式面点的代表品种分为民间面食、小吃和宫廷点心两部分。民间有：都一处烧卖、狗不理包子、艾窝窝、焦圈、银丝卷、褡裢火烧等。宫廷有：清宫仿膳的豌豆黄、芸豆卷、小窝头、肉末烧饼等。

2. 苏式面点

苏式面点泛指长江下游、沪宁杭地区制作的面食、小吃和点心。它源于扬州、苏州，发展于江苏、上海等地，因以江苏省为代表，所以称为苏式面点。苏式面点又因地区不同分为苏扬风味、淮扬风味、宁沪风味和浙江风味。苏式面点的特色是：

（1）品种繁多，应时迭出。由于物产丰富、原料充足以及面点师技艺的高超，使得苏式面点用同一种面坯可制出不同造型、不同色彩、不同口味的品种来。

例如，包子类在造型上就有：玉珠包子、寿桃包子、秋叶包子、佛手包子、墨鱼包子等。而包子的口味又有松软鲜嫩的鲜肉大包，以绍兴霉干菜为馅心的干菜包子，水发冬菇、青菜为馅的香菇菜包，雪里蕻、笋尖为馅的雪笋包子，还有咸中带甜、甜中有脆、油而不腻的三丁包子，味浓多卤、鲜美适口的淮扬汤包，等等。

苏式面点的应时迭出是指它随季节变化和人们的习俗而应时更换品种。例如，春天有银芽肉丝春卷，夏天有清香可口、解渴消暑的冰糖莲子粥，秋季有桂花藕粉，冬季有热气腾腾的汤包。

（2）制作精细，讲究造型。苏式面点在造型上具有形象逼真、玲珑剔透、栩栩如生的特点。这一点在苏式船点上表现得最为突出。船点是苏式面点中出类拔萃的典型代表，相传它发源于苏州、无锡水域的游船画舫上，是供游人在船上游玩赏景、茗茶时品尝的点心，因而叫船点。它经过揉粉、着色、成型及熟制而成。成型主要采用捏的方法，在造型上有各种花草、飞禽、动物、水果、蔬菜、五谷等。

（3）馅心善掺冻，汁多肥嫩，味道鲜美。京式面点善于选吸水力足的家畜肉，使用“水打馅”的方法，而苏式面点善于用肉皮、棒骨、老母鸡清炖冷凝成皮冻。如淮扬汤包在500 g馅心中要掺冻300 g。这样熟制后的包子，汤多而肥厚，看上去像菊花，拿起来像灯笼。食时要先咬破吸汤，味道极为鲜美，且别有一番情趣。有食客这样叙述吃汤包的情景：“轻轻夹，慢慢晃，戳破窗，再喝汤。”

苏式面点的代表品种有：三丁包子、淮扬汤包、蟹粉小笼包、鲜肉生煎包、蟹壳黄、翡翠烧卖、宁波汤圆、黄桥烧饼、青团、麻团、双酿团、船点、松糕、花式酥点等。

3. 广式面点

广式面点是指珠江流域及我国南部沿海一带制作的面食、小吃和点心。它以广东省为代表，因而称为广式面点。其中又将广东的潮安、汕头、澄海等地区的民间食品称为“潮式”面点，将福建省闽江流域制作的面点称为“闽式”面点。广式面点的特色是：

（1）品种繁多，讲究形态、花色、色泽。这一特色主要表现在三个方面：第一，广式面点品种多样。据统计，广式面点的品类有四大类约 23 种，馅心有三大类约 47 种，能做广式面点的有 2 000 多种。广式面点按大类分还有日常面点、星期面点、节日面点、旅行面点、早茶面点、中西面点、招牌面点等。第二，广式面点随季节性变化多。广式面点随四季变化的要求是“夏秋宜清淡，冬季宜浓郁，春季浓淡相宜”。如：春季有鲜虾饺、鸡丝春卷，夏季应市的是荷叶饭、马蹄糕，秋季有萝卜糕、蟹黄灌汤饺，冬季有腊肠糯米鸡、八宝甜糯饭。第三，形态丰富多彩。广式面点中除了有人们常见的包、饼、糕、条、团等形态外，还有筒、盏、挞、饺、角等各种造型。

（2）受西点影响，使用油、糖、蛋较多。广式面点模仿西式糕点工艺手法，如擘酥皮工艺即借鉴了西式糕点清酥工艺手法，具有中点西做的特点。广式面点在原料的选择、点心的配方上也大量汲取西式糕点经验，使用油、糖、蛋较多，如广式月饼的用油量、糖浆量均比京式、苏式月饼的用量大，这也是广式月饼易回软、耐储存的重要原因之一。又如，马蹄糕的用糖量为主料马蹄的 70％。

（3）馅心用料广泛，口味清淡。广东物产丰富、五谷丰登、六畜兴旺、蔬果不断、四季常青，广泛的原料为制馅提供了丰厚的物质基础。广东地处亚热带，气候较热，饮食口味重清淡，如马蹄糕、萝卜糕等。

广式面点的代表品种有笋尖鲜虾饺、娥姐粉果、叉烧肠粉、葡式蛋挞、叉烧包、腊味芋头糕、马蹄糕、虾肉烧卖、莲蓉甘露酥、生滚猪血粥、咖喱擘酥角、叉烧酥等。另外，在广式早茶的经营中，豉汁排骨、粉蒸牛肉丸、豉汁蒸凤爪、蒸鱼头等的制作也是面点师的工作内容。

4. 川式面点

川式面点是指长江中上游川、滇、黔地区制作的面食和小吃。以四川省为代表，故称川式面点。在当地又分为重庆和成都两个派别。川式面点的特色是：

（1）用料大众化，搭配得当。如成都小吃的原料，无非是糖、油、蛋、肉、面粉、江米等，并没有什么名贵的东西，全靠搭配得当变换出各种味道。如叶儿粑的用料就极其简单，它是用糯米面包甜馅做成的，只是在其表面用芭蕉叶或鲜荷叶包制。

（2）精工细做，雅致实惠。如钟水饺本是极普通的家常食品，它制作起来与北方水饺不同。第一，它以瘦肉细制为馅，不加其他填充料；第二，面皮薄厚适中，绵软适度；第三，个头较小，50 g 面粉做十几个饺子；第四，食用时浇上辣椒油、蒜泥和红白酱油等作料，吃起来虽与北方饺子差不多，但却异曲同工、自有妙处。

（3）口感上注重咸、甜、麻、辣、酸。许多人认为川式面点与菜肴一样也是辣味占主导，其实不然。如四川凉面的怪味，吃在口中是酸、甜、麻、辣、咸、鲜、香（蒜、葱的辛香）。

川式面点的代表品种有：担担面、赖汤圆、龙抄手、钟水饺、麻辣凉粉、醪糟汤圆、叶儿粑、三大炮、糖油果子、豆花、珍珠圆子、牛肉焦饼、蛋烘糕等。

5. 晋式面点

晋式面点指夹峙于黄河中游峡谷和太行山之间的高原地带，三晋地区城镇乡村制作的面点。晋是山西省的别称，由于春秋战国时期山西省大部分属于晋国而得名。三晋是指晋中盆地、晋东山地和晋西高原。

晋式面点是我国北方风味中的又一流派，它覆盖了三晋地区的广大农村，虽品种不多，但制法多样，成为中国饮食文化中不可缺少的一部分。晋式面点的特点是：

（1）用料广泛，以杂粮为主。山西的面点原料除了小麦以外，还有高粱、莜麦、荞麦、小米、红豆、芸豆、土豆、玉米等。山西民谣中有“三十里的莜麦，四十里的糕（黄米面做），二十里的荞面饿断腰”，描述的都是杂粮制品。如红面（高粱面）擦尖、莜面栲栳栳、荞面圪饦、玉米面摊黄、黄米面油糕、豆面抿曲等都是家喻户晓的民间百姓食品。

（2）工具独特，技艺性强。晋式面点在制作时常常借助本地特有的工具。如刀削面用无把手弯形刀片，刀拨面用双把手刀，抿曲用抿床，擦尖用擦床，饸饹用饸饹床，剔尖用竹批等。这些工具都是其他地区面点制作技艺中少见的工具。

山西面食制作中，原料大多来自于大众的普通原料，但制作起来技艺性很强，极富表演性，在旅游饭店做明档厨房或客前服务是最合适不过了。这是其他面点流派所不能比拟的。如飞刀削面、大刀拨面、空中揪片、转盘剔尖、剪刀面、一根面、龙须夹沙酥等都需要很强的技能，都是需要经过较长时间的练习才能真正掌握的工艺技巧。

（3）“一面百吃，百面百味”。山西素有“面食之乡”的称誉。千百年来，山西人民总是利用本地特有的原料，制出风味不同的面食品，其主要品种是各式面条。

山西的面条从熟制方法上看，除了人们最常见的煮制方法配各种浇头（或称卤、臊子）外，还有烩面、焖面、炒面、蒸面、炸面、煎面、凉拌面等多种样式。

晋式面点的代表品种主要有：一根面、刀削面、刀拨面、剔尖（拨鱼）、猫耳朵、炒疙瘩、莜面卷卷、闻喜饼、黄米面油糕、莜面鱼鱼、山药丸丸、酸汤揪片、红面剔尖、莜面饨饨等。

6. 秦式面点

秦式面点泛指我国黄河中上游陕西、青海、甘肃、宁夏等西北部广大地区制作的面食、小吃和点心。它以陕西省为代表，因陕西在战国时期曾是秦国的辖地，故称秦式面点。它是我国北部地区的又一重要流派。秦氏面点的特色是：

（1）喜食牛羊肉，制作精细。汉族古老面点与少数民族的饮食习惯水乳交融，形成秦式面点的主要特色。如羊肉泡馍、羊血汤等。

泡馍是深受大众喜爱的食品。由于专营店铺不断增加，使各泡馍店竞相钻研技艺，煮馍技术日趋完美。泡馍在煮法上有三种区别，至今鲜为人知，它们是“干泡”“口汤”和“水围城”。

干泡，要求煮成的馍，肉片在上、馍块在下，汤汁完全渗入馍内。口汤，要求煮成的馍盛在碗里，馍块周围的汤汁似有似无，馍吃完后仅留浓汤一大口。水围城，这种煮馍方法适于较大的馍块，此法馍在碗中间、汤汁在周围，所以叫“水围城”。另外，还有碗里不泡馍、光要肉和汤的吃法，叫作单做。

煮好的馍上桌时，和糖蒜、香菜、油炒辣子酱等一起上桌。食用时不可用筷子来回搅动，以免发澥和散失香味，只能从碗边一点点“蚕食”。

（2）面食为主，原料丰富多样。秦式面点的原料，粮食类除小麦外，还有粟、黍、粱、秫，肉类有猪、牛、羊、鸡、狗肉，蔬菜水果更是繁多，有些地区还以河鲜或海鲜为馅。秦式面点油酥制品居多，如榆林马蹄酥、酥皮类点心、金丝油塔等。

（3）口味注重咸、鲜、香，讲究辣、苦、酸、怪、呛，民族风味浓厚。

秦式面点的代表品种有：羊肉泡馍、臊子面、黄桂柿子饼、裤带面、锅盔、肉夹馍、石子馍、千层油酥饼、泡儿油糕、关中搅团、金丝油塔等。

模块二　中式面点师的生产任务

一、面点作业区的生产任务

面点作业区主要负责各类面食、点心和主食的制作，有的点心部门还兼管甜品、炒面、炒饭类食品的制作。在餐饮行业的经营活动中，面点作业区的生产任务主要是：

（1）负责制馅原料的清洗、粉碎以及馅心的调制。

（2）负责各种面食、点心、主食面坯的调制。

（3）负责各式面食、点心、主食的成型。

（4）负责各式面食、点心、主食的熟制。

（5）保持面点作业区及设备、工具的清洁。

（6）根据经营特点负责茶市茶点及小吃的制作。

二、面点作业区域的设计要求

1. 面点作业区的划分

面点作业区一般分为面点制作区与面点熟制区。面点制作区主要用于面点的前期加工，米饭、粥类食品的淘洗，馅料调制、面坯调制、面点成型制作在此区域进行。面点熟制区主要用于米饭、粥类、汤面、汆卤臊子等的蒸、煮、炒，点心、面食的蒸、炸、烤、烙等工艺在此区间完成。因此，面点作业区一般多将生制阶段与熟制阶段相对分隔，以减少高湿度、高温度的影响。空间较小的面点间，可以集中设计生制、熟烹相结合的操作间，但要求抽油烟、排蒸汽效果好，以保持良好的工作环境。

2. 面点间布局基本要求

（1）加热设施与制作区域分开。加热区的高温、高湿不利于制作区面点食品的保存，同时也严重影响制作区工艺操作环境。

（2）有足够的案台和活动货架车。多数面点工艺制作是在木制案台上完成的，有些工艺也需要在大理石案台上完成，所以案台是面点制作间必备的设备。放置烤盘和蒸屉的活动货架车可以有效节约厨房空间，使用灵活方便。

（3）设计大功率的通风排蒸汽设备。面点制作的蒸煮工序会产生大量的水蒸气，而水蒸气对原料、成品的储存和加工工艺过程均有不利影响，所以无论制作区与熟制区是分设还是一体，面点厨房的通风排气、降温除湿都是非常重要的。

（4）设置单独的冷藏冷冻设备。由于产品特性不同，面点制作区域成品和半成品需要与其他区域分开保存。

模块三　面点生产工具与设备

一、面点工具

1. 面杖

面杖是中式面点工艺中最常用的工具。大多数面杖呈直棍状，由于地区习惯不同、用途不同，面杖可能有细微变化区别。最常见的普通面杖有以下几种：

（1）擀面杖（见图 1—1）。又称面杖、擀面棍、杆杖，用途最广，全国各地均有使用。根据用途差别，有长短、粗细之分，短的 20 cm，长的 100 cm 以上；细的直径 1 cm 左右，粗的直径 5 cm 左右。擀面杖主要用于擀制各类面皮，如饺子皮、馄饨皮、包子皮等，以及各类饼皮，也常常用于烫面时的搅面。

图 1—1　擀面杖

(2) 走槌（见图 1—2）。又称通心槌、酥槌、酥棍等。此面杖的构造是，在粗大的面杖（直径 8～10 cm）轴心有一个两头相通的孔，中间可插入一根比孔的直径小的细棍作为手柄，使用时要双手持柄推拉，通过粗大槌体的滚动将大片的面坯擀薄擀匀。例如，层酥面坯大包酥的开酥，大批量制作花卷时的擀制面片等。

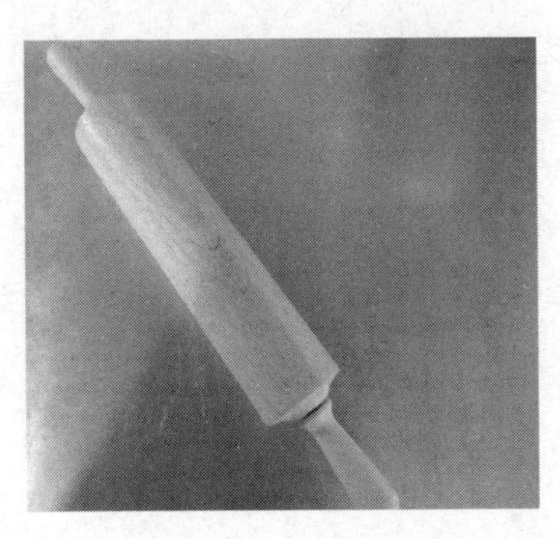

图 1—2　走槌

(3) 烧卖槌（见图 1—3）。与走槌结构相同，只是体积较小，一次只能擀制一张烧卖皮，擀出的面皮呈褶皱美观的荷叶边。

(4) 橄榄杖（见图 1—3）。又称枣核面杖。它中间粗、两头细，形似橄榄或枣核，长度一般为 20～30 cm，主要用于擀制水饺皮或烧卖皮等。

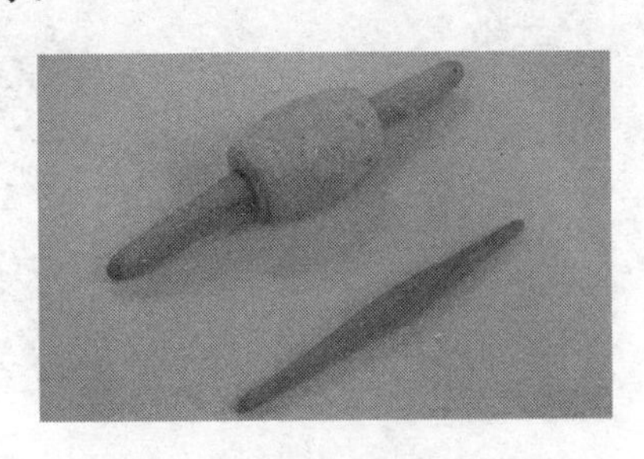

图 1—3　烧卖槌和橄榄杖

(5) 挑子（见图 1—4）。比普通面杖稍长，为一头粗一头稍细的圆棍，主要用于擀制鸭饼、薄饼，是烙制直径大小不等的烙饼的工具。

(6) 花杆（见图 1—4）。花杆是在普通面杖的表面车出均匀的螺旋纹。用花杆擀出的面皮（饼），表面有均匀的沟纹，做荷叶夹、表现瓦楞寓意的成品时往往使用花杆。

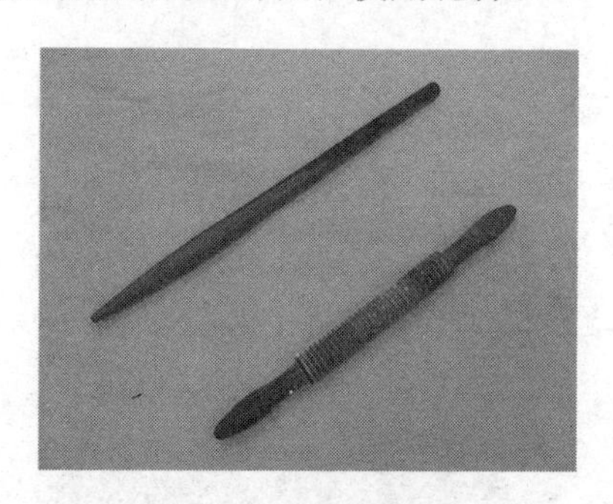

图 1—4　挑子和花杆

2. 模具

模具是中式面点工艺造型中常用的工具，包括各种印模、卡模等。

(1) 印模（见图 1—5）。印模也称磕子，主要用不易变形的硬木制成。在一定厚度的木材中间挖一个心形/长方形/三角形/圆饼形/椭圆形等形状的凹陷槽，在槽内雕刻上不同的图案，使

图 1—5　印模

用时将面坯按入槽中，按压后再将面坯磕出，面坯的表面就形成不同的花纹，可用来制作月饼、水晶饼、绿豆糕、米糕等。印模有单眼模、双眼模和多眼模等类型。在现代合成材料不断更新的科技时代，新型材料硬塑料制成的采用“千斤顶”原理的印模逐步替代了传统的印模。

(2) 卡模（见图 1—6）。卡模又称套模、花戳，是一种用金属材料制成的两面镂空、一端有花纹、内部有立体图案的成型模具。使用的时候，手持没有花纹的一端，将有花纹的一端放在有一定厚度的面片上面，用力压下再提起，就会得到一块与所用卡模形状相同的饼坯。卡模的大小、图案众多，材质也有铁皮制、铜制、不锈钢制的各种类型。

图 1—6　卡模

(3) 胎模（见图 1—7 至图 1—9）。胎模又称盒模、盏，用金

图 1—7　金属胎模

图 1—8　纸质胎模

属、锡箔、油纸、硅胶等材料制作。胎模边缘较薄，模口有菊花瓣、荷花瓣等形状。使用胎模制作点心，其成型与成熟同时进行，例如蛋糕盏、椰丝盏的成型。

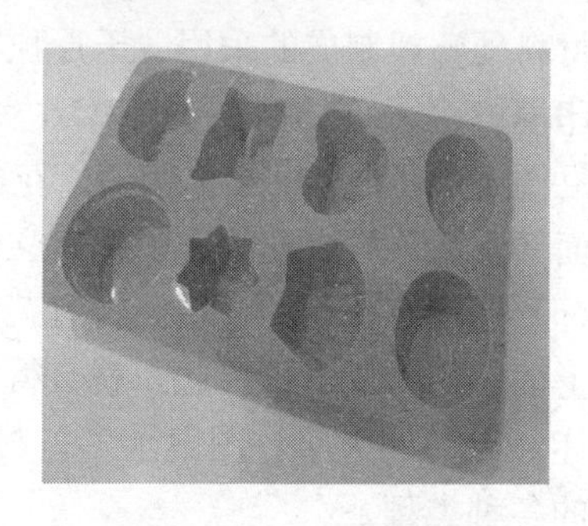

图 1—9　硅胶胎模

3. 花镊子

花镊子（见图 1—10）又称花钳子，一般用铁、铜、不锈钢等材料制成。它一头是扁嘴带齿纹的镊子，另一头是带波浪的滚刀，主要用于特殊形状面点的成型、切割等，比如水晶包花瓣的制作就是用花镊子完成的。

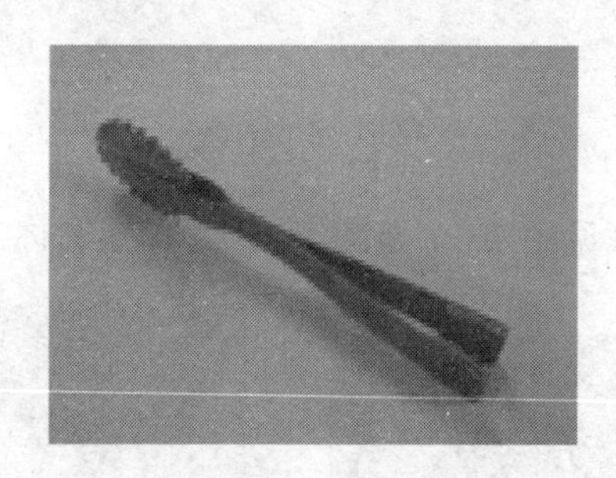

图 1—10　花镊子

4. 花嘴

花嘴（见图 1—11）是面点工艺的裱花挤注工具，与布袋或油纸配合使用，一般用铁、铜、不锈钢等材料制成。大多呈空心圆锥形，锥形的底部为平底圆筒，锥形顶端则根据工艺需要有圆形、锯齿形、扁嘴形、尖嘴形、有弧度的扁嘴形等。

5. 刀具

(1) 刮面刀（见图 1—12）。又称刮板、刮刀，由铜、合金、塑料等材料制成，属于在案子上和面和清洁用的工具，是中式面点工艺的必备工具。

(2) 剪刀。又称剪子。有大小之分，面点工艺中主要用于对原料的修剪、点心的造型和成品的装饰。

图 1—11　花嘴

图 1—12　刮面刀

(3) 切料刀（见图 1—13）。普通中式切菜刀，一般为 2 号刀大小。主要用于制馅时的切、剁原料，韧性面坯的切剂和成型等。

(4) 抹刀（见图 1—13）。又称批刀。刀身 20～30 cm 不等，一般宽 3 cm 左右，木把或聚酯把，面点工艺中主要用于酱类、泥类、膏类的涂抹。

(5) 刮皮刀。又称去皮刀。一般是金属刀刃，金属、木制或塑料把手。主要用于薯类原料、果蔬原料的去皮。

(6) 削面刀。山西面食刀削面的专用刀，一般用合金板材或铜片制作，一边为刀刃，另一边卷曲为手握刀边，刀刃一边需在 1/3 处弯成 90°～105°弧形。

(7) 擦子（见图 1—14）。又称擦冲，是面点工艺中用于加工丝类原料的工具，分擦床、擦刀两部分。擦床一般使用有一定弧度的竹板制成，也有用塑料替代竹板的。擦刀嵌在擦床中间，一般以金属冲压制成。

图 1—13　切料刀与抹刀

图 1—14　擦子

6. 衡器

中式面点工艺中常用的衡器主要是秤、量杯，天平和我国传统的杆秤已经很少有人使用。

(1) 秤（见图 1—15）。目前面点厨房常用的秤分指针显示台秤和电子液晶显示台秤两种。秤是面点工艺中量化原料的基本设备，主要用于称量各种原料的重量。台秤的最大称量值一般为 1 kg、2 kg、4 kg、8 kg 不等，刻度以 10 g 或 50 g 为单位。台秤多数秤盘与秤体分开，有单面显示重量和双面显示重量两种。

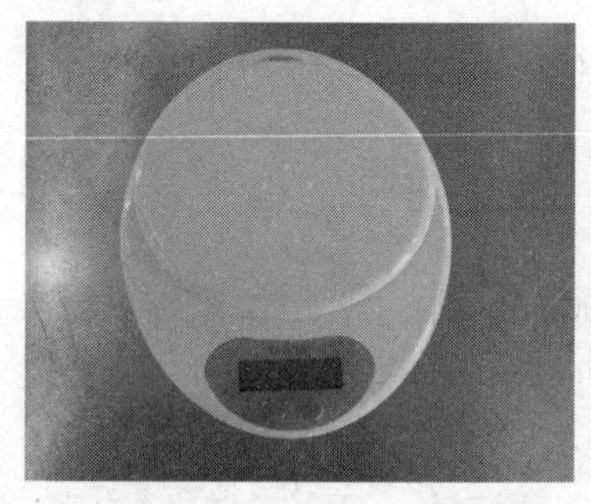

图 1—15　电子秤

指针显示台秤一般称量数量较多、数量要求不十分精确的原料，如面粉、水等。电子液晶显示台秤一般称量数量较少、数量要求精确的原料，如膨松剂、香料等。

(2) 量杯（见图 1—16）。量杯在香港和台湾地区使用比较多，由于使用比较方便，因此应用比较普遍。需要知道的是量杯的容量与重量之间的对应关系。

图 1—16　量杯

通常一量杯的容积为 250 mL，在外面分成 5 个刻度，分别是 50 mL、100 mL、150 mL、200 mL、250 mL。由于每种原料的比重不同，所以一量杯不同原料的重量也不相同。

7. 其他工具

(1) 尺子板（见图 1—17）。又称馅挑、馅尺。一般用竹片制作，一头扁宽、圆头，另一头稍窄、便于手握。主要用于面点的拌馅、上馅工艺。

表 1—1　　不同原料一量杯的重量

原料名称	容积	重量
面粉、生粉、黍粉	250 mL	113 g
白糖	250 mL	226 g
植物油	250 mL	226 g
水	250 mL	250 g

图 1—17　尺子板

（2）屉布（见图 1—18）、保鲜膜。屉布一般用棉布、粗纱布做成，尺寸依笼屉的大小而定。面点工艺中屉布有两个用途：第一，覆盖面坯，避免面坯风干结皮；第二，作为笼屉蒸制食品的垫布，避免成品与笼屉粘连。

图 1—18　屉布

保鲜膜的用途与屉布基本相同，主要用于覆盖面坯、包裹原料，防止失水和容器粘连。但是，由于保鲜膜由聚乙烯（PE）、聚偏二氯乙烯（PVDC）和聚氯乙烯（PVC）三种材料制成，所以使用时必须注意两点：第一，面点工艺中只允许使用聚乙烯和聚偏二氯乙烯两种材料制成的保鲜膜，不能使用聚氯乙烯材料制作的保鲜膜，因为它含有致癌物质，对人体危害较大。第二，凡是需要经过蒸制、微波加热工艺的保鲜膜必须标有 120℃以上字样，因为保鲜膜在受热的情况下化学结构会发生变化。

(3) 罗（见图 1—19）。又称筛，是面点工艺中必备的工具，粉状物、浆状物、糊状物、膏状物去杂、去除块状物时使用。面点厨房使用的罗一般以金属材料（钢、铜、合金）制成。罗的粗细以每平方英寸所具有的目数（网眼数）为准，如 80 目、100 目等。

图 1—19　罗

(4) 毛刷（见图 1—20）。又称刷子，分油刷、蛋刷，可以毛笔、排笔替代。由于刷子直接用于食品制作，所以必须注意其材料的无毒。

图 1—20　毛刷

(5) 抽子（见图 1—21）。以金属丝为材料制成的搅拌工具。

在手动抽打、搅拌糊状原料、浆状原料时常常使用该工具。

图 1—21　抽子

二、面点设备

1. 电热烤箱

电热烤箱是目前大部分宾馆、酒店面点厨房必备的设备，主要用于焙烤各种中西糕点，也可烹制菜肴。加热方法上通常分为常规式、对流式、旋转式和微波式。规格上有单门单层、单门多层、多门单层、多门多层等。

电热烤箱的温度设定：通过旋转温度调节钮设定面火和底火的温度（60～350℃）。温度指示窗中指针指示的温度，是此刻烤箱实际达到的温度，此时调节钮边绿灯亮。当温度指示窗中的指针指示在所设定的温度时，红色指示灯亮。

2. 电磁炉

电磁炉是采用磁场感应涡流加热原理，利用电流通过线圈产生磁场，当磁场内的磁力通过含铁质锅底部时，即会产生无数小涡流，使锅本身自行高速发热，再加热锅内食物。电磁炉具有自动性、多功能性、防水性和无废气、无明火、节能省电、操作简单、使用方便等特点。

3. 燃气灶

在厨房中，灶是最主要的烹调设备，尽管被一些设备（如蒸烤箱、炸炉等）所取代，但是灶还是厨房设备中不可缺少的一部分。灶的种类很多，有明火灶、平顶灶、感应炉灶等。燃气灶还是常用的一种，适用于各种类型的锅烹制食物。

4. 电饼铛

电饼铛主要使用于面点厨房，具有上、下铛双面烙制加热食品的功能，加热部分采用大面积全封闭形式，热效率高、清洁卫生，用来制作各种饼类食物，如烙制煎饼、烧饼、锅贴、水煎包、薄饼等食品。

5. 绞肉机

绞肉机工作时主要靠旋转的螺杆将料斗箱中的原料推挤到预切孔板处，利用转动的切刀刃和孔板上孔眼刃形成的剪切作用将原料切碎，并在螺杆挤压力的作用下将原料不断排出机外。绞肉机可根据物料性质和加工要求的不同，配置相应的刀具和孔板，即可加工出不同尺寸的颗粒，以满足下道工序的工艺要求。

6. 搅拌机

立式搅拌机是面点厨房中的重要设备，用途十分广泛，主要用于食品原料的搅拌和加工。搅拌机的型号很多，可根据生产需要选择不同体积、容量的型号。搅拌机的零部件有三种（抽子部件、搅拌桨部件、面坯臂部件），生产中要根据搅拌原料性状的不同进行部件的选择。多数的搅拌机都设有三种速度（慢、中、快），操作时可根据需要选择。

模块四　面点厨房生产安全

一、厨房生产安全习惯养成

面点师生产安全习惯是指面点师在从事一切与厨房生产相关的活动时养成的，不容易改变且能有效避免生产事故发生的行为。

1. 常规安全习惯

面点师常规安全习惯是厨师行业沿袭下来的，为避免危险事故威胁立下的规矩。它是一种良好的职业素养，是从事该行业的人员必须首先养成的习惯。

（1）基本行为习惯。不在厨房内跑动、打闹；不随处乱放刀具，不用刀具指向他人；手拿刀具行进中，手心紧握刀背，并将手紧贴于身体的侧前方；不在通道、楼梯口堆放货物；当地面有油、水、食物泼洒时，立即清除；只在规定的吸烟区（吸烟室）吸烟，不乱丢弃烟头；任何时候不将易燃物，如汽油、酒精、抹布、纸张等放置在火源附近。

（2）着装习惯。厨房员工在厨房生产中按规定着装，不仅是保证厨房食品卫生与安全的需要，也是有效防止火灾、摔伤、磕伤等事故发生的需要。所以面点师要身着干净的工作服、工作帽、角巾、围裙和鞋，鞋带、围裙、角巾必须系好系紧，防止脱落；上衣口袋不放火柴、打火机、香烟、纸张等易燃物，笔、小勺放在左臂上的口袋内。

2. 货物搬运安全习惯

搬运物品在厨房生产运作中极为常见，厨房的扭伤、摔伤、砸伤、划伤事故也往往也与搬运货物有关。这一方面有厨师自身劳动技巧问题，另一方面也有厨房环境安全隐患引发的问题。

（1）地面搬运货物安全。将货物从地面抬起或将货物举起放置高处的过程，如果用力不当、姿势不当、身体重心掌握不当，均有可能发生扭伤、夹伤、轧伤、砸伤事故。搬运重物前，应先观察四周，确定搬运轨迹及目的地，尽量使用手推车。从地面搬起重物时，应先站稳，挺直背、弯膝盖，不可向前或向侧弯曲，重心在腿部。搬运重物（汤桶、垃圾桶）或大型设备，尽量与其他人合作完成，不可一次性超负荷搬运货物。将物体推举向高处时，应一口气完成。不用扭转腰背的方式从反方向搬运物品，不独立搬运超过人体高度的物品。搬运长形物体时保持前高后低，尤其是上下楼梯、转角处或前面有障碍物时；推滚圆形物体时（如圆形桌面）应站在物体后面，双手不放在圆形物体弧线的边缘。

(2) 使用工作梯安全。厨房的摔伤事故，有一些是工作中不能正确使用扶梯造成的。梯子应架在平坦稳固的立足点，梯面与地面的夹角应在 60°左右。上下梯子时，两手两脚不能同时放在同一横档上，重心应维持在身体的中间。在上下梯子的过程中，手中不能拿任何物件。不得使用任何有缺陷的梯子。梯子绝对不许架设在门口，除非将门锁上或有专人看守。不容许两人同在一架梯子上工作。梯子用后，必须立即收妥。

(3) 瓷片及玻璃器皿搬运安全。厨房使用的瓷片多为各式盘子、碗、汤勺、汤古子等用餐器皿。厨房瓷片搬运中容易发生的事故主要是划伤，所以大宗瓷片和玻璃器皿搬运应该注意以下几点：搬运瓷片或器皿，应该穿平底胶鞋，不佩戴松弛的饰物，并戴手套保护双手；瓷片搬运前，要先检查有无破损，将破损的瓷片器皿挑出并及时报损；搬运较多瓷片（盘碟）时应该使用手推车，将瓷片平稳地码放在推车上，且瓷片码放不宜太多、太高；碗、盘、玻璃器皿打碎时，不要用手捡拾，要用扫帚清理。

(4) 货车使用安全。使用货车（手推车）运送货物时最容易造成砸伤、轧伤等事故。装货前，要将车停稳固定，防止溜车。往车上码放重物时，应该有人扶车，注意重物在下、轻物在上，不超负荷载重。车上物品码放不能超过运货人视线，防止货车轧人、撞人撞物。推车时应控制车速，不能推车跑，不拉车后退行走。推车运货遇拐角处时，人应站在车的一侧双手拉车。载重推车如遇上下电梯，应找人帮忙。遇地面不平整时，行进速度要放缓，防止颠簸造成货物散落砸伤他人。

3. 常规用电安全习惯

(1) 熟悉电气设备的开关位置。

(2) 清洗电气设备时必须断电。

(3) 在清理机械、电气设备时，只用布擦拭电源插座和开关，不要将水喷淋到电源插座和开关上。

(4) 工程人员断电挂牌作业时，严禁合闸。

（5）厨房员工不得随意处理突发的断电事故。

（6）下班时关闭所有电灯、排气扇、电烤箱等电气设备。

4. 消防安全习惯

（1）燃气灶的正确点火方法。第一，先打开燃气总阀；第二，用火柴划火凑近点火棒火嘴，拧开点火棒开关，点燃点火棒；第三，将用过的火柴放入罐头盒内或玻璃容器内；第四，点火棒火焰凑近炉灶火眼，拧开灶具开关，点燃灶具燃气；第五，关闭点火棒开关，将点火棒插入灶具侧面的指定位置。

（2）燃气灶风门的调节。燃气灶正常燃烧时，火焰呈蓝色。工作中如发生下列情况，应对火焰风门进行调节：第一，当炉灶燃烧的火焰发红或冒烟时，说明灶具进风量小，应调大风门；第二，当炉灶燃烧发生回火时，要关闭灶具开关，先调小风门再点火，火点着后再调节风门，使火焰燃烧正常；第三，当炉灶燃烧发生离焰现象时，说明进风量大，应调小风门。

（3）燃气灶具漏气的处理程序。第一，关紧燃气灶具总开关；第二，切断附近全部电源（不准开启电器开关，包括电灯），熄灭附近一切火焰；第三，将门窗打开，使室内空气流通；第四，如使用液化气罐，应将其迅速移至室外空旷地方。

（4）灶台前操作的防火要求。第一，油炸食品时，将油锅搁置平稳，并控制好油温；第二，油锅加热时，人不能离开，油温达到适当高度，应立即放入菜肴、食品；第三，遇油锅起火，可直接用锅盖或湿抹布覆盖，不可向锅内浇水灭火；第四，煨、炖、煮各种食品、汤类时，应有人看管，汤沸腾时应调小炉火或打开锅盖，防止汤汁外溢熄灭火焰造成燃气泄漏；第五，炉具使用完毕，立即熄灭火焰，关闭气源，通风散热。

5. 设备工具使用安全习惯

现代化的食品烹调加工机械设备能力非凡，在减轻劳动量的同时，还可大大提高工作效率。但这些设备有可能会造成轧伤、砍伤、碾伤、切伤事故，甚至造成更严重的后果。所以我们在厨房生产操作中，要严格执行操作规范，重视生产安全。

新员工在独立使用机械设备前，必须经过设备使用方面的培训，使员工学会正确拆卸、组装和使用设备的方法，培训合格后才可独立上岗操作。

（1）机械设备操作安全。机械设备运转是连续不断的，在发生安全事故的瞬间，当事人由于恐惧和慌乱，往往进行错误操作。所以机械安全事故一旦发生，对面点师造成的伤害就十分严重。绞肉机、切片机、粉碎机割手，轧面机、压片机、和面机、搅拌机夹手，是最常见的机械设备事故。在操作中应注意以下几点：熟知机械设备关闭按钮的位置，并熟练掌握停机操作的方法；注意力集中，严格按机械设备说明书操作；使用随机配备的辅助工具作业，如绞肉机必须使用专门的填料器；机械设备若发生故障，应立即切断电源并报修；机械设备使用完毕进行卫生清理时，必须切断电源。

（2）灶台前操作安全。在灶台前操作不慎，最容易发生的事故是火灾和烫伤。上灶台操作前，要先将所用工具、原料放在自己的动作区域范围内，尽量减少工作动线；不用手柄松动的锅和手勺；油锅加热过程中，控制油温、油量，不离开炉灶；容器盛装热油不超过五成满，热汤不超过七成满，端起时应垫布，并提请他人注意；热锅离火（热烤盘出烤箱、热器皿出蒸箱）前，要准备好移放的位置；拿取热源附近的金属用具应垫布；清洗擦拭工具设备应待其冷却后再进行；不往炉灶的火眼内倾倒各种杂质、废物；炉灶使用完毕，应立即关闭气源；发现炉灶设施漏气，要先关闭总气阀，然后立即报修。

（3）案台前操作安全。在案台前操作要先将工具、原料、器皿、带手布等放在动作区域范围内。案台前操作容易引起的安全事故，主要是刀具的划伤、割伤。操作时需注意：不用刀指手画脚；不随意在案台上放置刀具，防止刀具下滑伤人；刀具和锋利的器具不慎滑落，落地前不用手接挡；清洁刀具锐利部位，应将带手布折叠成一定厚度，从刀口中间部位轻慢地向外擦；在案台前暂停切配时，刀具要刀口向外平放在墩子（案板）上；用专用工具开启罐头，不用手直接接触罐头盒开启的接口。

二、厨房消防安全规范

1. 面点作业区防火制度

（1）符合规范要求。作业区内各种电气设备的布局、安装、使用必须符合相关的国家标准、行业标准在防火方面的要求，同时提倡安全的人性化设计。如：严禁超负荷使用电气设备；电气设备绝缘要好，接点要牢；电气设备要接通地线，并有合格的保险设备；电气设备的开关要安装在方便处理紧急事件的部位，开关装置安装在面点师身体不易靠近处、远离金属设备的地方；不擅自动用、移动各种灭火器材、消防设施。

（2）符合操作规程。面点师的生产行为应符合设备操作规定。如：在油炸和焙烤食品时，必须设专人负责看管；油锅、烤箱温度不得过高，油锅不得过满，严防油溢着火引起火灾；严格按操作规程使用各种加热设备和灶具；点火使用专用点火棒，不用纸张等易燃品引火；不往炉灶、烤箱的火眼内倾倒各种废弃物，防止堵塞火眼；定时清除炉灶、排气扇等用具上的油垢。

（3）熟悉灭火方法。每一位面点师都应该熟知火灾发生时自己应该采取的行动。例如，平时熟知燃气、电器总闸位置，一旦火灾发生，能熟练关闭总闸；平时熟知所在部门灭火器材和手按报警器的位置；会使用各种灭火器材、火灾报警器；熟知最近的消防疏散门位置，便于逃生。

2. 燃气防火制度

（1）遵守报告制度。发现漏气，不准开启电器开关（包括电灯），应立即报修。一旦发生火灾事故，应立即关闭燃气总阀，关闭电源，一面报警，一面动用灭火器材扑救。

（2）严格检查制度。每日进入厨房应先打开防爆排风扇，清除积沉于室内的液化气，检查灶具是否有漏气情况。操作前应检查灶具的完好情况，有损坏的部件，应立即报工程部修理。每餐结束后，值班人员要认真检查每个供气开关是否关闭好，发现问题应立即关闭总阀门，并及时报告主管领导和安全部门。

(3) 严格遵守燃气灶具操作规程。点火时，坚持“火等气”原则。各种液化气灶具开关必须用手开闭，不准用其他器皿敲击开闭。灶具使用完毕，立即将供气开关关闭。每天夜餐结束后要先关闭厨房总供气阀门，再关闭各灶具阀门，然后通知供气室关闭气源总阀门。做好灶具的清洁保养工作，无关人员不得动用液化气灶具。下班时关闭所有电灯、排气扇、电烤箱等电气设备。

模块五　面点厨房卫生规范

一、个人卫生习惯的养成

面点师个人卫生习惯是指面点师在从事厨房生产活动时养成的，不容易改变且能有效避免食品污染的行为。主要包括面点师的仪容仪表、日常行为规范和操作卫生规范等内容。同时，每一位面点师还必须熟悉《中华人民共和国食品安全法》和《餐饮业食品卫生管理办法》的相关内容。

1. 仪容仪表标准

仪容仪表标准是衡量面点师容貌、着装、行为等非技能因素的准则，是厨房食品卫生与安全的基础。

(1) 总体要求。男员工工作帽干净、挺直、端正，角（汗）巾干净平整，无汗渍；工作服、围裙干净，无皱无损，无异味；工作鞋干净，无油渍、污物；工号牌按规定佩戴；指甲短而干净；头发干净、短于领口，用帽子遮盖住；不留胡须，每天刮胡子、洗澡，建议使用除臭剂；经常刷牙，避免口臭；禁止佩戴腕表、戒指、耳环以及其他身体上的环饰，包括舌环、鼻环、眉环等。

女员工工作帽干净、挺直、端正，角（汗）巾干净平整，无汗渍；工作服、围裙干净，无皱无损，无异味；工作鞋干净，无油渍、污物；工号牌按规定佩戴；指甲短而干净；头发干净，长发盘于脑后，短发用发夹固定，用帽子遮盖头发；每天洗澡，经常洗发，建议使用除臭剂；经常刷牙，避免口臭；禁止佩戴腕表、戒指、耳环、舌环、鼻环、眉环等。

（2）指甲。不准留长指甲，要保持干净。员工不能啃咬手指甲，工作时不佩戴假指甲或涂彩色指甲油。

（3）工作服。工作服保持干净，要每天更换且在指定区域内穿着。穿着干净工作服工作且必须在更衣室内更换，不能穿着工作服上下班。工作中必须系围裙、角巾（汗巾），戴工作帽。围裙不能当手巾使用，在食品处理过程中，手接触过围裙或用围裙擦过手之后要洗手。离开食品准备区域时，要解下围裙。

（4）发型。用帽子和发网固定、包裹头发，避免污染食品。在触摸或触碰过头发或者脸后，应按照洗手程序洗手。

（5）其他。在指定吸烟区抽烟，不吐唾沫，只能在员工食堂内吃东西。工作时不剔牙、不嚼口香糖，在抽完烟、吃完东西及喝完饮料后要洗手。不带病上岗，遇有割伤或其他受伤，不能继续进行开放性食品的加工或处理，直到伤愈为止。所有食品准备、加工区域都要备有急救用品。

2. 操作卫生习惯

操作卫生习惯的养成对保持厨房卫生、降低劳动消耗、提高生产效率有不可小视的作用。例如，工具用后及时擦洗并放回原处，烹调作业中尽量缩小作业面以减少污染，随手清理作业面，随时清理下脚料等。

（1）墩子前（加工切配）操作卫生。无论是加工间的初加工，还是热菜间的细切配，或是冷菜间的熟装盘，都应养成以下习惯：原料放在容器内，备好垃圾盆（盘）、成型原料容器、带手布，将容器和带手布放在肢体活动范围内，菜墩（板）下面垫带手布平稳放在案子上；加工切配中及时将切成型的原料及废弃物分别分类放进容器中，尽量避免汤汁、血水四溢流淌；加工切配过程中不应走动，刀具只能背向自己横放在菜墩（板）上；加工切配完成后，立即将刀、墩、案台按清洗程序清理干净，将垃圾处理掉。

(2) 灶前烹调卫生。灶上烹调无论使用煸锅还是汤锅，都要养成以下行为习惯：将要烹调的原料、调料、工具、容器等备好，放在最方便操作的地方；调料罐里的液态调料不能太满，锅内的菜肴和汤汁不可太满，随时防止灶上烹调的菜肴汤汁溢出；锅离火时，尽量避免将锅放在灶台、案台上，更不能将锅放在案台上拖动；出品菜的容器只能放在配菜案台上，不能放在灶台上；养成另备汤勺尝菜的习惯，不能用手勺直接对嘴尝菜。

(3) 案台前操作卫生。如：不在面点制作案台上直接切肉类、鱼类、蔬菜等生料；养成随手清理案台且随时刷洗案子的习惯；不将锅直接放在案台上，更不能将锅放在案台上拖动；刷洗案台时，先用刮刀刮净案台面污，再用清水刷洗，避免污水流到地面上；清洗屉布必须洗净表面淀粉黏液。

(4) 面袋的拆线方法。将面袋带有明线封口的一侧向上，用剪刀剪去无封口纸一侧的线头，一只手捏住红色线头，在面袋的另一面用另一只手捏住白色线头，双手同时轻轻拉开线头，将封口线及封口纸扔进垃圾桶。将面粉倒入面桶，抖净面袋，将面袋收在指定处。

(5) 带手布的清洗方法。面点间随手使用的卫生清洁工具带手布（抹布），必须每天集中清洗。清洗的程序是：

第一步：在垃圾桶上方抖净带手布内的杂物，放在清洁剂水中清洗。

第二步：水锅上火，放入碱面或洗衣粉，将带手布放进锅中煮开 10 min。

第三步：将带手布放进清水盆中反复清洗干净，直至无泡沫、不粘手为止。

第四步：带手布拧干水分，平铺在案台上或晾挂在通风处。

二、面点作业区卫生清洁规范

1. 环境卫生清洁程序

(1) 清扫地面的程序。面点制作间的地面通常无水渍、油渍，但面粉、面粒、面糊有时会散落在地面。面点间地面的卫生要求是：干净，无面迹、水迹，无污物。清扫地面的程序一般是：

第一步：用扫帚将地面扫净。

第二步：用湿墩布从厨房的一端横向倒退擦至厨房的另一端。

第三步：用清水洗干净墩布，挤干水分再擦一次。

(2) 清理面点制作案台（板）的程序。面点制作间的案台通常有木制台面、大理石台面和不锈钢台面三种，其卫生要求是：案子表面干净，无杂物，无面迹、油迹。无论使用哪一种台面，工作前都要去掉案板上的杂物，再用湿布将台面擦拭干净。案台使用后，无论当天是否再次使用，均需按下列步骤清扫。

第一步：将案子上的工具清洗干净，放回工具柜，剩余物品清理干净。

第二步：用小扫帚将案子表面清扫干净，用刮刀将表面杂物刮下，杂物倒进垃圾桶。

第三步：用湿带手布将案子表面洇湿，再用刮刀刮净面渍、油渍等污渍，污渍用带手布擦入水盆中倒入水池，禁止污水流在地面。

第四步：反复用清水投洗带手布，将案子表面擦净。

第五步：用干净、挤干水分的带手布，从案子的一边顺序擦向另一边。

(3) 清理工具储物柜的程序。目前面点间的工具柜大多是不锈钢材料的立式柜，面点工艺中常用的工具，如盆、盘、罗、走槌、面杖、尺子板、剪子、刀具、模具、台秤等均放在工具储物柜中。面点间储物柜的卫生要求是：柜子内外（包括抽屉）干净，无油污、无尘土、无杂物，工具物品摆放整齐有序。

第一步：将柜子、抽屉内的工具物品全部拿出，用清洗剂水擦洗柜子内壁、门、底部、柜角，再擦柜底、柜腿及抽屉，使其无油污、无面渍、无尘土；再用清水将柜子内外擦干净；最后用干布擦干。

第二步：将所有工具用清水擦洗，再用干布擦拭干净后分类放入柜中。台秤（电子秤）、罗筛放在上层，各种盆盘容器放在中层，刀具、面杖放在下层，油刷、尺子板、模具等小工具放在抽屉里。

2. 设备卫生清洁程序

（1）清理冰箱的程序。面点间冰箱的卫生要求是：外表光亮、无油垢，内部干净，无油垢、霉点，物品码放整齐，无异味。清理冰箱的程序是：

第一步：切断电源，打开冰箱门，清理出前日剩余的原料，擦净冰箱内部及货架、冰箱密封条和通风口。

第二步：将放入冰箱内的容器擦干净，所有食品更换保鲜膜，贴好标签，容器底部不能有汤、水等杂物。

第三步：冰箱外表用清洁剂水擦洗至无油垢，再用清水擦洗干净，最后用干布擦光亮。

（2）擦拭烤箱、饧发箱的程序。面点间烤箱、饧发箱的卫生要求是：箱内无杂物，外表光亮，控制面板、把手光亮。

第一步：切断电源，将烤箱、饧发箱外表用湿布擦干净（重度不洁时用洗涤灵清洗），再用干布擦干至外表光亮。

第二步：烤箱冷却后，将烤箱内清理干净；将饧发箱内及架子擦净，更换饧发箱内的水。

（3）擦拭和面机、轧面机、搅拌机的程序。面点间和面机、轧面机的卫生要求是：干净，无面粉、无污粉。

第一步：切断电源，卸下各部件（面桶、托盘、搅拌器等），用清水擦洗设备表面，去掉面污、面嘎；再用清水擦洗干净至表面光亮。

第二步：将卸下的部件用温水清洗干净，擦干后装在机器上。

第三步：将机器周围的地面清扫干净。

（4）清理电饼铛的程序。面点间电饼铛的卫生要求是：饼铛内外干净、无杂物，表面光亮。

第一步：切断电源，用清洁剂水将饼铛及架子擦洗干净，重度油垢可用去污粉擦洗，再用清水清洗。

第二步：将饼铛内用热水擦洗干净至无油、无污物。

第三步：用干布由内至外、由上至下将饼铛及架子擦干。

（5）擦拭汽锅蒸箱的程序。面点间汽锅蒸箱的卫生要求是：干净明亮，无米粒、无污迹。

第一步：关闭送气阀门，将内屉取出刷净，清除内部杂物、污物。

第二步：接通皮水管冲洗气锅内外，再用干布擦干气锅蒸箱表面。

第三步：将内屉放在指定的架子上。

第四步：将屉布用清水浸泡透，洗去粘在上面的米粒和面块，再用清水反复投洗至不粘手；最后拧干水分，晾在通风处。

3. 工具卫生清洁程序

（1）清洗刀具的程序。面点间的刀具除普通菜刀外，还包括刮刀、铲刀等，菜刀的刀把一般缠成白色。面点间刀具的卫生要求是：干净无油，无霉迹、无铁锈。

第一步：先将刀面污物刮净，再将刀逐个放在水池中，用百洁布清洗（有油时用清洁剂洗净），再用水冲洗干净。

第二步：用干布擦干后放在通风处定位存放。

（2）清洗墩子的程序。面菜间一般使用白色菜墩或菜板，其卫生要求是：墩子无油，墩面洁净、平整，无异味，无霉点。

第一步：墩子用过后，用刀将墩子表面刮净。

第二步：将墩子放入水池中，热水冲洗并用板刷或百洁丝刷净墩子表面。

第三步：用清水冲洗干净，再用干布擦干墩子后竖立在指定位置，注意保持通风。

（3）清洗台秤（电子秤）的程序。台秤在厨房属于“精密仪器”，清洗过程中要注意对其精度的保护，特别是电子秤，不能水洗，只能用干净的湿布擦拭。

第一步：先将秤盘内外表面的油污面垢去掉。

第二步：用百洁布蘸清洁剂水，将秤盘内外刷洗干净。

第三步：用清水冲洗并用干布擦干。

第四步：将台秤底座用湿布擦干净。

第五步：将秤放在通风、平稳的指定位置。

（4）清洗罗筛的程序。罗筛在清洗中最易被尖利的器物扎破，也容易因窝水而生锈。

第一步：将罗表面的杂物清理干净，在清水中浸泡数分钟。

第二步：用百洁布将罗内外擦干净，特别注意将罗内圈的边角擦洗干净。

第三步：用清水冲洗罗内外，去掉残杂物。

第四步：用干布擦干罗内外，不留水渍。

第五步：避开刀、剪等锐器物，放在通风干燥的指定位置。

（5）清洗面杖、尺子板的程序。由于面杖、尺子板一般为木制品，其吸水性易使其表面出现“霉斑”。

第一步：面杖、尺子板等木制工具使用后要用刮刀将表面刮干净。

第二步：用清水清洗干净。

第三步：用干布擦干放在指定位置。

（6）清洗笼屉（竹屉）的程序。

第一步：笼屉使用后要先将表面的面污清理干净。

第二步：用百洁布蘸清水擦洗笼屉的表面和侧面，直至去除面污。

第三步：用干布擦干，立放在指定的通风处。

第二单元　中式面点基本常识

中式面点基本常识包括完成面点制作的每项操作应具备的知识技能，主要指与技能要求相对应的常用面坯、原料、成型、熟制知识及技术要求。

模块一　中式面点常用面坯

一、水调面坯

1. 水调面坯的概念

水调面坯是指面粉与水调制的面坯，餐饮业也称之为“死面”或“水面”。面粉中掺入水是制作大部分水调面品种最常见的方法，有时我们也能见到在水调面坯中掺一点盐、一点碱或一点糖的情况，但是不论掺什么原料，只要量不是很多，只要不改变面坯的组织结构和质感，我们仍然称其为水调面坯。例如抻面时（甘肃的拉条子、北方的龙须面、中原地区的抻面）放一点盐、一点碱，既不是为了调节口味（使面坯有咸味），也不是为了去掉面坯中的酸味（进行酸碱中和），而是为了强化面坯中水调面坯的特性——弹性、韧性和延伸性。

2. 水调面坯的特性

水调面坯根据和面时使用的水温不同，其面坯所具有的特性也不同。

（1）冷水面坯。面坯本身具有弹性、韧性和延伸性。成品一般色泽洁白、爽滑筋道。冷水面坯适合做各种面条、水饺、馄饨、馓子等大众面食。

（2）热水面坯。面坯本身黏性大、可塑性强，但韧性差、无弹性。成品色泽较暗，口感软糯。适合做广东炸糕、搅团、泡泡油糕、烫面炸糕等特色面食。

（3）温水面坯。面坯的黏性、韧性和色泽均介于冷水面坯和热水面坯之间，质地柔软且具有可塑性较强的特点。适合于制作烙饼、馅饼、蒸饺等大众化面食。

3. 水调面坯工艺要领

（1）冷水面坯工艺要领。冷水面坯在不同季节、不同地区（主要指不同纬度位置）即便是使用冷水，水的温度也会有所差异。冷水面坯调制需要注意以下四点：

1）分次掺水。和面时要根据气候条件、面粉质量及成品的要求，掌握合适的掺水比例。水要分几次掺入（一般应分三次），切不可一次加足。如果一次加水太多，面粉一时吃不进去，会造成“窝水”现象，使面坯粘手。

2）水温适当。由于面粉中的蛋白质是在冷水条件下生成面筋网络的，因而必须用冷水和面。但在冬季（环境温度较低时），可用30℃的温水和面。

3）用力揉搋。冷水面中致密的面筋网主要是靠揉搋力量形成的，只有用力反复揉搋，才能使面坯滋润，表面光滑、不粘手。

4）静置饧面。和好的面坯要盖上洁净的湿布静置一段时间，这个过程叫饧面。饧面的目的是使面坯中未吸足水分的颗粒进一步充分吸水，更好地生成面筋网，提高面坯的弹性和光滑度，使面坯更滋润，成品更爽口。饧面时加盖湿布的目的是防止面坯表面风干，发生结皮现象。

（2）温水面坯工艺要领。温水面坯既要有冷水面主坯的韧性、弹性、筋力，又要有热水面主坯的黏性、糯性、柔软性，因而在调制时要注意以下四点：

1）水温准确。直接用温水和面时，水温以60℃左右为宜。水温太高，面坯过黏而无筋力；水温过低，面坯劲大而不柔软，无糯性。

2）冷热水比例合适。调制半烫面时，一定是热水掺入在先、冷水调节在后，且冷热水比例适当。热水多，面坯黏性、糯性大，韧性小；冷水多，面坯韧性、延伸性大，柔软性不够。

3）及时散发主坯中的热气。温水面坯和好后，需摊开冷却，再揉和成团。

4）面和好后，应在面坯表面刷一层油，防止风干结皮。

（3）热水面坯工艺要领。不论是哪一种烫面方法，都要求面坯柔、糯均匀。热水面工艺要注意以下六点：

1）吃水量要准。热水面调制时的掺水量要准确，水要一次掺足，不可在面成坯后调整，补面或补水均会影响主坯的质量，造成成品粘牙现象。

2）热水要浇匀。热水与面粉要均匀混合，否则坯内会出现生粉颗粒而影响成品品质。

3）及时用力搅拌。当热水与面粉接触时，应及时用面杖将水与面粉用力搅拌均匀，否则热水包住部分面粉，使其表面迅速糊化，而另一部分面粉被糊化的部分分割而吸不到热水，从而形成生粉粒。

4）散尽面坯中的热气。热水面烫好后，必须摊开冷却，再揉和成团，否则制出的成品表面粗糙，易结皮、开裂，严重影响质量。

5）烫面时，要用木棍或面杖搅拌，切不可直接用手，以防烫伤。

6）面和好后，表面要刷一层油，防止表面结皮。

二、膨松面坯

1. 生物膨松面坯

（1）生物膨松面坯的概念。生物膨松面坯是指在面坯中引入酵母菌（或面肥），酵母菌在适当的温度、湿度等外界条件和淀粉酶的作用下，发生生物化学反应，使面坯中充满气体，形成均匀、细密的海绵状组织结构。行业中常常称其为发面、发酵面或酵母膨松面坯。

生物膨松面坯具有色泽洁白、体积疏松膨大、质地细密喧软、组织结构呈海绵状、成品味道香醇适口的特点。代表品种有各式馒头、花卷、包子。

（2）生物膨松面坯工艺方法。生物膨松面坯是中式面点工艺中应用最广泛的一类大众化面坯，全国各地根据本地区的情况，均有自己习惯的工艺方法，各地料单略有不同。下面介绍两种常见的工艺方法。

第一种方法：活性干酵母工艺。将 10 g 干酵母溶于 200 g 30℃的水中，与 15 g 白糖、1 000 g 面粉混合，再加入 300 g 水和成面坯，盖上一块干净的湿布，静置饧发，直接发酵。

在餐饮行业，有一些面点师根据经验，摸索出一种生物和化学交叉的方法使面坯膨松，用这种方法发酵面坯，时间短、发酵快、质量好。

第二种方法：酵母—发酵粉交叉膨松工艺。面粉 500 g 加入活性干酵母 5 g，与发酵粉（泡打粉）15 g、白糖 20 g、清水 225～250 g 一起揉匀揉透和成面坯。常温下无须饧发，可直接下剂成型，但熟制前应静置饧发。

（3）生物膨松面坯工艺要领

1）掌握酵母与面粉的比例。酵母的数量以占面粉数量的 1%左右为宜。

2）严格控制糖的用量。适量的糖可以为酵母菌的繁殖提供养分，促进面坯发酵。但糖的用量不能太多，因为糖的渗透压作用会使酵母细胞壁破裂，妨碍酵母菌繁殖，从而影响发酵。

3）适当调节水与面粉的比例。含水量多的软面坯，产气性好，持气性差；含水量少的硬面坯，持气性好，产气性差。所以面与水的比例以 2∶1 为宜。

4）根据气候，采用合适的水温。和面时，水的温度对面坯的发酵影响很大，水温太低或太高都会影响面坯的发酵。冬季发酵面坯，可将水温适当提高，而夏天则应该使用凉水。

5）根据气候，注意环境温度的调节。35 ℃左右是酵母菌发酵的理想温度。温度太低，酵母菌繁殖困难；温度太高，不仅会促使酶的活性加强，使面坯的持气性变差，而且有利于乳酸菌、醋酸菌的繁殖，使制品酸性加重。

6）保证饧发时间。面坯饧发有两层含义，其一是面坯初步调制完成后的静置饧发；其二是面坯成型工艺完成后，也需要在适当的温度和湿度条件下静置一段时间。实践中人们往往十分重视面坯初步调制完成后的饧发，而忽视成型工艺后的饧发，因此造成制成品塌陷、色暗，出现“死面块”和制品萎缩的现象。

2. 化学膨松面坯

（1）化学膨松面坯的概念。面坯利用化学膨松剂的产气性而胀大松软，被称为化学膨松面坯。在实际工作中，化学膨松面坯中往往还要添加一些辅料，如油、糖、蛋、乳等，使成品风味更有特色。

（2）化学膨松面坯的特性。化学膨松面坯体积疏松多孔，呈蜂窝或海绵状组织结构。其成品呈蜂窝状组织结构的面坯，成品色泽淡黄至棕红，口感酥脆浓香；呈海绵状组织结构的面坯，色泽洁白至浅黄，口感暄软清香。化学膨松面坯代表品种有桃酥、开口笑、各式曲奇饼干和油条、马拉糕等。

（3）化学膨松面坯工艺方法。发酵粉类面坯工艺：将相应比例的面粉与化学膨松剂（如发酵粉、碳酸氢铵、碳酸氢钠）一起过罗，倒在案子上开成窝形，将其他辅料（油、糖、蛋、乳、水）按投料要求放入窝内，用手掌将辅料混合擦均匀，再拨入面粉，用复叠法和成面坯。

由于这类面坯含油、糖、蛋较多，且具有疏松、酥脆、不分层的特点，因而行业里又称其为“单酥”或“硬酥”。手工调制这类面坯时必须采用复叠的工艺手法，因为揉搓会使面坯上劲、澥油，从而影响产品品质。

（4）化学膨松面坯工艺要领。调制化学膨松面坯时，需要注意以下四点：

1）准确掌握各种化学膨松剂的用量。小苏打的用量一般为面粉的1%～2%，臭粉的用量为面粉的0.5%～1%，发酵粉可按其性质和使用要求按3%～5%掌握用量。

2）调制面坯时，如化学膨松剂需用水溶解，应使用凉水化开，避免使用热水，因为化学膨松剂受热会分解出部分二氧化碳，从而降低膨松效果。

3）手工调制化学膨松面坯必须采用复叠的工艺手法。

4）和面时要将面坯和匀、和透，否则化学膨松剂分布不匀，成品易带有斑点，影响质量。

3. 物理膨松面坯

（1）物理膨松面坯的概念。物理膨松面坯是指面坯中使用具有胶体性质的蛋清作介质，利用高速调搅的物理运动使蛋液裹进空气，并通过空气受热膨胀的性质使其膨松的面坯。行业中也称为蛋泡面坯。

物理膨松面坯具有色泽淡黄、体积疏松膨大、质地细密暄软、结构均匀多孔、呈海绵状组织结构、成品蛋香浓郁的特性。代表品种有各式蛋糕。

（2）物理膨松面坯工艺方法。物理膨松面坯分传统工艺法和乳化剂法两种。

1）传统工艺法。洗净打蛋容器及蛋抽子。按比例将蛋液、白糖放入容器中，用机器（或蛋抽子）高速搅打蛋液约30 min，使之互溶，成为均匀乳化的白色泡沫状，直至蛋液中充满气体且体积增至原来体积的3倍以上时，即成蛋泡糊。面粉过罗，倒入蛋泡糊拌均匀，即成蛋泡面坯。

2）乳化剂法。将一定比例的蛋液、白糖、蛋糕乳化油放入打蛋桶内拌匀，再加入面粉拌匀，开动机器（或用蛋抽子）抽打。正常室温条件下，抽打7～8 min，即成蛋泡面坯。

使用蛋糕乳化油制作蛋泡面坯，其工艺更简单、效率更高，成品具有细密、膨松、色白、胀发性强、质量稳定的特点。

（3）物理膨松面坯工艺要领

1）选用新鲜鸡蛋，因为新鲜鸡蛋通常含氮物质高、灰分少，胶体溶液浓稠度强，包裹和保持气体能力强。

2）面粉必须过罗，防止面坯有生粉粒。

3）抽打蛋液时必须始终朝一个方向不停地抽打，直至蛋液呈乳白色浓稠的细泡沫状，以能立住筷子为准。

4）所有工具、容器必须干净、干燥、无油渍。

5）如采用传统工艺法，面粉拌入蛋液时，只能使用轻轻抄拌的方法，不能搅拌，且抄拌的时间不宜过长，否则成品膨胀度差。

三、层酥面坯

1. 层酥面坯的概念

层酥面坯是由两块性质完全不同的面坯组成——水油面坯和干油酥，经过包、擀、叠等开酥方法，使其具有酥软清晰的层次结构，行业中称其为层酥面坯。

2. 层酥面坯的分类

层酥面坯按原料配方区别，一般分为三类：

（1）水油皮。以水油面为皮、干油酥为心制成的水油皮类层酥，这是中式面点工艺中最常见的一类层酥。其特性是：层次多样，可塑性强，有一定的弹性、韧性，口感松化酥香。代表品种有“京八件”中的酥皮点心和各种花色酥点。

（2）擘酥皮。以蛋水面与黄油酥层层间隔、叠制而成的层酥，在广式面点中最常见，是由西式面点衍生而来的一种酥皮。其特性是：层次清晰，可塑性较差，营养丰富，口感松化、浓香、酥脆。代表品种主要有中点西做的咖喱擘酥角、叉烧酥等。

（3）酵面层酥皮。以发酵面坯为皮、干油酥或炸酥为心的酵面类层酥，在我国地方小吃中比较常见。其特性是：体积疏松，层次清楚，有一定的韧性和弹性，可塑性较差，口味暄软酥香。代表品种主要有苏式面点的黄桥烧饼、蟹壳黄，京式面点的乐亭烧饼、油酥火烧、高炉烧饼等。

3. 层酥面坯工艺

上述三种层酥，虽然面坯的口感和质地差别明显，但其起层起酥的原理基本相同。

(1) 皮面经验配方及工艺。层酥皮面坯主要用于包制干油酥，起组织分层作用，由于它含有水分，因而具有良好的造型和包捏性能。

1) 水油面。以面粉 500 g、猪油 125 g、水 275 g 的比例，将原料调和均匀，经搓擦、摔挞成柔软有筋力、光滑不粘手的面坯即成。

2) 蛋水面。以面粉 500 g、鸡蛋 150 g、水约 150 g 的比例，将原料和匀揉透，整理成方形，放入平盘置于冰箱冷冻待用。

3) 酵面皮。以面粉 500 g、酵母 5 g、水约 300 g 的比例，将原料和匀揉透，成为光滑、有韧性的面坯即成。

(2) 酥心面经验配方及工艺。油酥面主要用于水油面的酥心，有分层起酥的作用。由于它既无韧性、弹性，又无延伸性，因而不能单独使用。

1) 干油酥。以面粉 500 g、猪油 275 g 的比例，将面粉与猪油搓擦均匀、光滑即成。

2) 黄油酥。以面粉 350 g、黄油 1 000 g 的比例，将面粉与黄油搓擦均匀成柔软的油酥面，整理成长方形，放入平盘置于冰箱冷冻待用。

3) 炸酥。以植物油直接兑入面粉中，调和成稀浆状即成。植物油既可以直接与面粉调和，也可以加热后趁热浇入面粉。油与面粉的比例通常根据制品的需要而定，开酥工艺只能采用“抹酥”的方法。

(3) 开酥工艺。开酥又称破酥。层酥面坯开酥的方法主要有两种，一种是包酥，即用皮面包裹油酥面，通过擀、叠、卷等手法制成有层次的坯剂；另一种是叠酥，即用皮面夹裹油酥面，通过擀、叠、切等手法制成有层次的坯剂。其实在实际工艺中，由于制品的需要，还常常将包酥和叠酥两种开酥方法混用。

1）包酥工艺。包酥适合于水油酥皮和酵面层酥。其方法根据手法不同有铺酥、抹酥、挂酥、叠酥之分，根据剂量大小又有大包酥和小包酥之别。

①大包酥工艺。大包酥分为两种情况。一种是将水油面（或酵面）按成中间厚、边缘薄的圆形，取干油酥放在中间；将水油面边缘提起，捏严收口，擀成长方形薄片，折叠两次成三层，再擀薄；由一头卷紧成筒状，按剂量下出多个剂子。另一种情况是将水油面（或酵面）擀成片，将炸酥抹在水油面上，将抹过炸酥的面片从一头卷成筒状，再按剂量下出剂子。

这种先包酥（抹酥）后下剂子的开酥方法，一次可以制成几十个剂子。它的特点是速度快、效率高，适合于大批量生产。但是酥层不易均匀，为使酥层清晰均匀，常常去边角余料较多，造成较大浪费。

②小包酥工艺。先将水油面与干油酥分别揪成剂子，用水油面包干油酥，收严剂口，经擀、卷、叠制成单个剂子。

这种先下剂子后开酥的方法，一次只能做出一个剂子或几个剂子。它的特点是速度较慢、效率较低，但成品比较精细，适合做高档宴会点心。

2）叠酥工艺。叠酥适合于水油酥皮和擘酥皮。叠酥工艺方法大致有两种：

①水油皮叠酥工艺。以水油面包干油酥，捏严收口，用走槌轻轻擀成长方形薄片，将两端折向中间，叠成三层；再用走槌开成长方形薄片后对叠，再次擀成长方形薄片。用刀修下四周毛边，切成 0.5 cm 宽、15 cm 长的条。在每根长条的表面刷上蛋液，依次将长条层层叠在一起成为一个长方块，将长方块翻转 90°，使每层刀切面朝上，再斜 90°角将长方块切成 0.5 cm 的薄片，用面杖将薄片顺直线纹擀成片。

②擘酥皮叠酥工艺。黄油酥和蛋水面皮和好后，将其分别擀成长方片（厚约 0.7 cm，蛋水面是黄油酥面积的 1/2 大小）放入平盘，盖上半湿的屉布，冷藏约 2 h。以黄油酥夹蛋水面，用

走槌开一个“三三四”即成。

4. 层酥面坯酥层的种类

不论是大包酥还是小包酥，其在酥层的表现上有明酥、暗酥、半暗酥之分，其中明酥的酥层在纹路上有直酥、圆酥之别。

（1）明酥。经过开酥制成的成品，酥层明显呈现在外的称为明酥。明酥按切刀法的不同可以分为直酥和圆酥。明酥的线条呈直线形的称为直酥，线条呈螺旋纹形的称为圆酥。

（2）暗酥。经过开酥制成的成品，酥层不呈现在外的称为暗酥。

（3）半暗酥。经开酥后制成的成品，酥层一部分呈现在外、另一部分酥层在内的，称为半暗酥。

5. 层酥面坯工艺要领

（1）水油面与干油酥的比例要适当。水油面过多，酥层不清，成品不酥；干油酥过多，成型困难，成品易散碎。

（2）水油面与干油酥的软硬要一致，否则易露酥或酥层不均。

（3）开酥时要保证面坯的四周薄厚均匀（叠酥时四角要开匀），开酥不宜太薄。

（4）根据品种要求不同，灵活掌握开酥方法。

（5）开酥时要尽量少用生粉，卷筒时要卷紧，否则酥层间不易粘连，成品易出现脱壳现象。

（6）切剂时刀刃要锋利，下刀要利落，避免层次粘连。

（7）下剂后，应在剂子上盖上一块干净的湿布，防止剂子表面风干结皮。

（8）酵面层酥不适宜使用小包酥方法，也不适宜开明酥。

四、米制品面坯

米制品面坯是指以稻米和水为主要原料，适当添加其他辅助原料制成的面点。它包括米类面坯、饭皮面坯和米粉面坯三类。

1. 米类面坯

（1）米类面坯的概念。米类面坯一般指用稻米与水经熟制而成的制品。其特征是成品中米的粒形清晰可见，根据地方特色添加其他辅料和调味料。米类面坯的代表品种是各类米饭和粥品。除常见的大米饭、大米粥外，还有豆饭、炒饭、八宝饭等，粥品有桂圆莲子粥、状元及第粥、皮蛋瘦肉粥等。另外，各地的点心小吃中，还常用米饭与肉、鸡等原料混做，如四川的珍珠圆子、广东的瑶柱糯米鸡、北京的小枣粽子、上海的糍粑等。

（2）米类面坯工艺

1）米饭工艺。将 500 g 干净的大米（糯米、粳米或籼米）倒入盆（锅）中，根据米的品种加入 350～450 g 水，上笼屉蒸熟或直接煮、焖成熟。

2）粥品工艺。将 100 g 大米（糯米、粳米或籼米）倒入锅中，根据米的品种加入 500～1 000 g 水，先用大火将水烧开，再用小火将米煮烂。煮熟的粥既可以是白粥，也可在白粥中再加入其他原料继续做成各种花式粥。

（3）米类面坯工艺要领

1）水要一次加足。不论是煮粥还是蒸饭，都应该根据米的品种一次将水加足，不能中途补水。特别是蒸饭，中间补水会使米粒夹生。

2）掌握合适的火力。煮粥、焖饭需要适时掌握火力，一般为先用大火将水烧开，再改用小火将米煮熟或煮烂。如果始终用大火，水分会溢出锅体，使米粒吸水不足。

2. 饭皮面坯

（1）饭皮面坯的概念。饭皮面坯特指用米和水混合蒸制成饭，再经搅拌、搓擦成为有黏性和一定韧性的饭坯。饭皮面坯使用的米以糯米为主，同时也可以掺适量的粳米、紫米、糯性小米等。

（2）饭皮面坯的特性。饭皮面坯有米本身特有的色泽，成品口感软糯、香甜，饭坯有黏性、可塑性和一定的韧性。如艾窝窝、芝麻凉卷、双色凉糕等。

（3）饭皮面坯工艺

1）将 500 g 糯米洗净，与 450 g 水混合一起倒入盆中，上蒸锅蒸熟。

2）稍晾后，倒在一块洁净的屉布上，趁热隔布用手蘸凉水用力在案子上搓擦，直至饭粒互相粘连成为黏性很强的整体。

（4）饭皮面坯工艺要领

1）根据米的品种，调整适当的用水量。一般籼糯米用水量多，粳糯米用水量少。

2）趁热搓擦，否则饭粒不易搓烂、易粘连。

3）搓擦时，手应适当蘸些凉水，否则饭粒太黏不易操作且容易烫伤。

3. 米粉面坯

（1）米粉面坯的概念。米粉面坯特指用米粉与水混合制成的面坯。米粉面坯按原料分类，有籼米粉面坯、粳米粉面坯、糯米粉面坯和混合米粉（镶粉）面坯；按面坯的性质分类，有米糕类面坯、米粉类面坯和米浆类面坯。

（2）米粉面坯的掺粉方法。为了提高米粉制品的质量，将不同种类的米粉或将米粉与面粉掺和在一起，使其在软、硬、糯等性质上达到制品的质量要求。

1）糯米粉与面粉掺和的方法。将糯米粉、粳米粉、面粉按一定的比例三合为一，用水调制成团。也可在磨粉前将各种米按成品要求以一定的比例调和，再磨制成粉与面粉混合。这种掺粉方法制成的成品不易变形，能增加筋力、韧性，有黏润感和软糯感。

2）糯米粉与粳米粉掺和的方法。根据制品质量的要求，将糯米（占60%～80%）与粳米（占20%～40%）按一定比例混合（称为“镶粉”），加水调制而成。这种掺粉方法可根据制品的工艺要求配成“五五镶粉”“四六镶粉”或“三七镶粉”。使用镶粉制成的成品有软糯、清润的特点。

3）米粉与杂粮掺和的方法。米粉可与澄粉、豆粉、红薯粉、小米粉等直接掺和为一体，也可与土豆泥、胡萝卜泥、豌豆泥、山药泥、芋头泥等蔬果杂粮混合制成面坯。这种面坯制成的成品具有杂粮的天然色泽和香味，且口感软糯适口。

（3）米粉面坯工艺方法。米粉面坯工艺方法分为米糕类和米粉类工艺两种。

1）米糕类工艺方法。米糕类面坯根据面坯性质又分为松质糕和黏质糕两种。

①松质糕工艺。松质糕又根据拌粉水的不同，分清水拌和糖浆拌两种。清水拌是用冷水与米粉拌和，拌成粉粒状（或糊浆状）后，再根据不同品种的要求选用目数不同的粉筛，将米粉（或糊浆）筛入（或倒入）各种模具中，蒸制成型。糖浆拌是用糖浆与米粉拌和，将粉坯拌匀、拌透后，蒸制成型。糖浆拌可用于制作特色糕点品种。

松质糕工艺注意事项：第一，要根据米粉的种类、粉质的粗细及各种米粉的配比，掌握适当的掺水量；第二，为使米粉均匀吸水，抄拌和掺水要同时进行；第三，拌好后要静置饧面。

②黏质糕工艺。黏质糕拌粉工艺与松质糕基本相同，但糕粉蒸熟后，需放入搅拌机内，加冷开水搅打均匀，再取出分块、搓条、下剂、制皮、包馅、成型。

米糕类品种制作时，检验其成熟与否的方法是：用筷子插入蒸过的粉坯中，拉出后观看有无黏糊，没有黏糊的即为成熟。

2）米粉类工艺方法。米粉类面坯工艺分为生粉坯工艺和熟粉坯工艺两种。

①生粉坯工艺。基本工艺程序是先成型后成熟。其特点是可包多卤的馅心，皮薄、馅多、黏糯，吃口润滑。生粉坯熟处理的方法有泡心法和煮芡法两种。

泡心法：将糯米粉、粳米粉互相掺和后倒入缸盆内，中间开成窝，冲入适量的沸水，将中间的米粉烫熟，再加适量的冷水将四周的干粉与熟粉一起反复揉和，直至软滑不粘手为止。泡心法工艺注意事项：沸水冲入在前、冷水掺入在后，不可颠倒。沸水的掺水量要准确，一次加够。如沸水过多，皮坯粘手，难于成型；沸水过少，成品易裂口而影响质量。泡心法适合于干磨粉和湿磨粉。

煮芡法：取1/3份的干粉，加冷水拌成粉团，投入沸水锅中煮熟成“芡”，将芡捞出后与其余的干粉揉搓至光洁、不粘手为止。煮芡法工艺注意事项：根据气候、粉质掌握正确的用“芡”量。天热粉质湿，用“芡”量可少；天冷粉质干，用“芡”量可多。用“芡”量少则成品易裂口，用“芡”量多则易粘手，影响工艺操作。煮“芡”一般应沸水下锅，且需轻轻搅动，使之漂浮于水面3～5 min，否则易沉底粘锅。

②熟粉坯工艺。熟粉坯基本工艺程序是先成熟后成型，其方法与黏质糕基本相同。

(4) 米粉面坯的特点

1) 米糕类面坯的特点。米糕类品种根据工艺又分为松质糕和黏质糕。松质糕具有多孔，无弹性、韧性，可塑性差，口感松软，成品大多有甜味的特性。如四色方糕、白米糕。而黏质糕具有黏、韧、软、糯，成品多为甜味的特性。如青团、桂花年糕、鸽蛋圆子。

2) 米粉类面坯的特点。有一定的韧性和可塑性，可包多卤的馅心，吃口润滑、黏糯。如家乡咸水饺、各式汤圆。

3) 米浆类面坯的特点。体积稍大，有细小的蜂窝，口感黏软适口。如定胜糕、百果年糕。

五、杂粮面坯

杂粮面坯是指以稻米、小麦以外的粮食作物为主要原料，添加其他辅助原料后调制的面坯。如：玉米面坯、高粱面坯、莜麦面坯、荞麦面坯、青稞面坯、黄米面坯，等等。中式面点工艺中杂粮制品大多具有明显的地方风味。如晋式面点的莜面栲栳栳、京式面点的小窝头、秦式面点的荞麦鱼鱼等。

1. 玉米面坯

玉米粒破碎称为棒渣。棒渣有大小之分，棒渣加水后可煮粥、焖饭。

玉米粒磨成粉称为玉米面、棒子面。玉米面与水调制的面坯称为玉米面坯。玉米面有粗细之别，其粉质不论粗细，性质随玉米品种不同而有所差异。多数玉米面韧性差，松散而发硬，不易吸潮变软。糯性玉米面有一定的黏性和韧性，质地较软，吸水较慢，和面时需用力揉搓。

(1) 玉米面坯基本工艺。将玉米面倒入盆中，根据品种不同，分几次加入适量的热水、温水或凉水，静置一段时间使其充分吸水，再经成型、熟制工艺即成。用热水或温水和面后静置，有利于增加黏性且便于成熟。普通玉米面可制作小窝头、菜团子、贴饼子、丝糕等，而新型原料黏玉米磨粉制成面坯还可做花色蒸饺和水饺等品种。

(2) 玉米面坯工艺要领

1) 分次加水。玉米面吸水较多且较慢，和面时，水应分次加入面中，且留有足够的饧面时间。

2) 增加馅心黏稠性。普通玉米面没有韧性和延伸性，因而在制作带馅的玉米面品种时，应该尽可能增加馅心的黏稠性，使成品更抱团、不散碎。

3) 适时使用小苏打。用棒子渣煮粥焖饭或用玉米面制作面食时，可以适当使用小苏打，以提高人体对烟酸的吸收率，并增加黏稠度。

2. 莜麦面坯

莜麦面与沸水调制的面坯称为莜麦面坯。莜麦面品种的熟制可蒸、可煮，成品一般具有爽滑、筋道的特点。食用莜麦面面时，讲究冬蘸羊肉卤、夏调盐菜汤（素卤）。莜麦面还可用作糕点的辅料。

(1) 莜麦面坯基本工艺。将莜麦面倒入盆内，用沸水冲入面盆中，边冲边用面杖将其搅和均匀成团，再放在案子上搓擦成光滑滋润的面坯。烫熟的莜麦面坯，有一定的可塑性和黏性，但韧性和延伸性差。莜麦面可做莜面卷、莜面猫耳朵、莜面鱼等。

(2) 莜麦面坯工艺要领。莜麦加工必须经过“三熟”，否则成品不易消化，易引起腹痛或腹泻。

1）炒熟。在加工莜麦面粉时，需先把莜麦用清水淘洗干净，晾干水分后再下锅煸炒，炒至两成熟出锅。

2）烫熟。和面时，将莜麦面置于盆内，一边加入开水一边搅拌，用手将其揉搋均匀，再根据需要成型。

3）蒸熟。将成型的莜面生坯置于蒸笼内蒸熟，以能够闻到莜面香味为准。

3. 高粱面坯

高粱呈颗粒状，所以又被称为高粱米，高粱米磨成粉即为高粱面。高粱面色泽发红，因而又被称为红面。高粱面韧性较差，松散且发硬，做面食时一般与面粉混合使用。

（1）高粱面坯基本工艺。高粱米浸泡在凉水中 30 min，将水倒掉，再加水焖饭、煮粥即可。

高粱面一般与面粉按比例混合倒入盆内，用温水分几次倒入盆中，将面和成面坯，揉匀揉光滑，盖上一块湿布，静置 10 min。高粱面坯可做红面窝窝、红面擦尖、驴打滚、红面剔尖和高粱面饼等。

（2）高粱面坯工艺要领。由于高粱米（特别是表皮）中含有一种酸性的涩味物质——单宁，所以高粱米、高粱面制品常常口感发涩。去除涩味的方法有物理法和化学法两种。

1）物理去除法。将高粱米浸泡在热水中，可溶解部分单宁，倒掉水后涩味脱出。所以用高粱米焖饭、煮粥，一定要先用热水浸泡。

2）化学去除法。在高粱面中加入小苏打，酸碱中和后可去除涩味。所以做高粱面制品时，一般需要放小苏打。

4. 黄米面坯

谷子又称小米，呈金黄色小颗粒状，其糯性品种又称为黄米，黄米磨成粉称为黄米面。小米浸泡后，加适量水可蒸小米饭、煮小米粥，或与大米掺和做二米饭、二米粥。

（1）黄米面坯的概念。黄米面与冷水调制成坯，再经蒸制成熟的面坯称为黄米面坯。黄米面坯色黄、质感细腻、黏性大，有一定的韧性，可进一步加工成高档宴会点心。

（2）黄米面坯基本工艺。黄米面倒入盆中，冷水分几次倒入盆内与面调制成湿块状，将面块平铺在有屉布的笼屉内，上笼屉蒸熟。蒸熟的黄米面既可直接蘸糖食用，也可作为面坯包上馅心经油炸制成成品。黄米面可做黄米面年糕、黄米面油糕等品种。

（3）黄米面坯工艺要领

1）黄米面应保持干燥、新鲜，受潮发霉的黄米面制成品有苦味。

2）蒸制成熟的黄米面坯在包馅炸制之前，应隔着屉布将面坯反复揉滋润。

5. 豆类面坯

（1）豆类面坯的概念。豆类面坯是指以各种豆类为主要原料，适当掺入油、糖等辅料，经过煮制、碾轧、过罗、澄沙等工艺制成的面坯。此类面坯既无弹性、韧性，也无延伸性，虽有一定的可塑性但流散性极大。许多豆类面坯的点心品种，都需要借助琼脂定型。

（2）豆类面坯基本工艺。将豆类拣去杂质，加水蒸烂或煮烂，过罗、去皮、澄沙（去掉水分），加入添加料（如油、糖、琼脂等），再根据品种的不同需要进行熟制、成型。

（3）豆类面坯工艺要领

1）煮豆水要一次加足，万一中途需要加水，也一定要加热水，否则豆不易煮烂。

2）豆必须完全煮烂，有小硬粒会影响成品质量。

3）熟豆过罗时，可适当加少量水。水不可加多，否则面坯太软且粘手，影响成型工艺。

6. 薯类面坯

（1）薯类面坯的概念。薯类面坯是以含淀粉较多的薯类为原料，掺入适当的淀粉类物质和其他辅料制成的面坯。薯类面坯无弹性、韧性、延伸性，虽可塑性强，但流散性大。薯类面坯制作的点心，成品松软香嫩，具有薯类原料特殊的味道。

(2) 薯类面坯基本工艺。将薯类去皮、蒸熟、压烂、去筋，趁热加入添加料（米粉、澄粉、糖、油等），揉搓均匀即成。制作点心时，一般以手按皮或捏皮，包入馅心，成熟时或蒸或炸。炸制前，先包裹蛋液再滚蘸面包糠或椰蓉为好。常见品种有山药挑、象生梨、紫薯水饺、甜卷果等。

(3) 薯类面坯工艺要领

1）蒸制薯类原料时间不宜过长，蒸熟即可，以防止吸水过多使薯蓉太稀，难以操作。

2）糖和米粉需趁热掺入薯蓉中，随后加入油脂，擦匀折叠即可。

7. 荞麦面坯

(1) 荞麦面坯的概念。荞麦面坯是以荞麦面（多为甜荞或苦荞）为原料，掺入辅助原料制成的面坯。由于荞麦面无弹性、韧性、延伸性，一般要配合面粉一起使用。荞麦面坯制作的点心，成品色泽较暗，具有荞麦特有的味道。

(2) 荞麦面坯基本工艺。将荞麦面与面粉混合，与其他辅助原料（水、糖、油、蛋、乳等）和成面坯即可。制作面食时，需要注意矫色、矫味。品种有苦荞饼等。

(3) 荞麦面坯工艺要领

1）根据产品特点适当添加可可粉、吉士粉等增香原料，有利于改善产品颜色，增加香气。

2）荞麦面粉几乎不含面筋蛋白质，凡制作生化膨松面坯，需要与面粉配合使用。面粉与荞麦面的比例以 7∶3 为最佳。

六、其他面坯

1. 澄粉面坯

(1) 澄粉面坯的概念。澄粉面坯是澄粉加沸水调和制成的面坯。面坯色泽洁白，呈半透明状，口感细腻嫩滑，无弹性、韧性、延伸性，有可塑性。澄粉面坯制作的成品，一般具有晶莹剔透、细腻柔软、口感嫩滑、蒸制品爽、炸制品脆的特点。品种有韭菜鸡蛋饺等。

（2）澄粉面坯基本工艺。澄粉面坯的基本工艺过程是按比例将澄粉倒入沸水锅中烫熟，用面杖搅匀，放在抹过油的案子上，揉搓成光滑、细腻的面坯。

各地面点师还常根据点心品种的不同要求，在面坯中加入适量的生粉（澄粉∶生粉 =1∶0.3）、猪油（澄粉∶油=1∶0.05）、吉士粉，咸点心加盐、味精，甜点加糖等。制作点心时，一般以刀压皮、包馅蒸制，以手捏皮、包馅炸制。

（3）澄粉面坯工艺要领

1）调制澄粉面坯要烫熟，否则面坯难以操作，蒸后成品不爽口，会出现粘牙现象。

2）面坯揉搓光滑后，需趁热盖上半潮湿、洁净的白布（或在面坯的表面刷上一层油），保持水分，以免风干结皮。

2. 果蔬面坯

（1）果蔬面坯的概念。果蔬面坯是指以含淀粉较多的根茎类蔬菜和水果为主要原料，掺入适当的淀粉类物质和其他辅料，经特殊加工制成的面坯。主要原料有胡萝卜、豌豆、南瓜、莲子、栗子、荸荠等。果蔬面坯制作的点心都具有主要原料本身特有的滋味和天然色泽，一般凉点爽脆、甜糯，咸点松软、鲜香、味浓。常见品种有栗子糕、黄桂柿子饼、南瓜发糕、胡萝卜甜点、山楂凉糕、红豆糕等。

（2）果蔬面坯基本工艺。将原料去皮煮熟，压烂成泥，过罗，加入糯米粉或生粉、澄粉（下料标准因原料、点心品种不同而异）和匀，再加猪油和其他调味原料，咸点可加盐、味精、胡椒粉，甜点可加糖、桂花酱、可可粉。将所有原料混合后，有些需要蒸熟，有些需要烫熟，还有些可直接调成面坯。

（3）果蔬面坯工艺要领

1）由于果蔬类原料本身含水量有差异，因而面坯掺粉的比例必须根据果蔬原料的具体情况酌情掌握。

2）果蔬类原料压烂成泥掺粉前，一定要过罗，以保证面坯细腻光滑。

3. 糖浆面坯

（1）糖浆面坯的概念。糖浆面坯也称浆皮面坯，它是由糖浆或饴糖与面粉调制而成。这种面坯既有适度的弹性、良好的可塑性，又有一定的抗衰老能力，较一般制品货架期长。糖浆面坯可以制作一些有特色的点心，如广式月饼、糖耳朵、松子枣泥饼等。

（2）糖浆面坯基本工艺。将蔗糖先熬成糖浆。面粉放在案子上开成窝形，将糖浆、油脂、枧水和其他配料倒入面窝中，将其搅拌成乳白色的乳浊液，再拨入面粉调制成坯。由于糖浆的密度和黏度大，反水化能力增强，使蛋白质适度吸水而形成部分面筋，所以面坯组织细腻，柔软、可塑性好、不浸油。

（3）糖浆的制法

1）将蔗糖和水按比例倒入不锈钢锅（或铜锅、气锅）内，以低温加热，同时轻轻地搅拌使其溶解。

2）完全溶解后，立即升温，使其沸腾。此时，可除去表面渣滓、泡沫，但绝不能搅拌。

3）当温度升至104.8℃时（沸点），加入抗结晶原料（如柠檬酸、饴糖、蜂蜜等）。

4）降低温度，继续加热至温度达到108℃左右即成（此时糖液浓度为77.2%）。几种糖浆配方见表2—1。

表2—1　　几种糖浆的配方

种类	水	糖	液体葡萄糖	酒石酸钠	柠檬酸
配方一	22.2	55.6	22.2		
配方二	28.6	71.4		少量	
配方三	35～40	100			0.05～0.07

（4）糖浆面坯工艺要领

1）糖浆必须提前备好，冷却后待用，以防止面坯黏合上劲（糖浆存放半月以上较好用）。

2）糖浆与油脂要充分搅拌、完全乳化，否则面坯的弹性、韧性不均匀，外观粗糙，结构松散，甚至走油、上劲。

3）面坯的软硬度依糖浆的多少调节，工艺中不另外加水。

4）面坯调好后放置时间不宜过长，否则韧性增强、可塑性减弱。

5）有些糖浆面坯只用糖浆和面，不另外加油或其他配料。

模块二　中式面点常用原料

一、主坯原料

1. 面粉

小麦属禾本科植物，是世界上分布最广泛的粮食作物之一。小麦在我国有五千多年的种植历史，我国小麦的播种面积和产量仅次于水稻位居第二位，主要产区分布于长江以北至长城以南，东至黄海、渤海，西至六盘山、秦岭附近的广大地区。

（1）面粉的分类。我国的面粉主要是按面粉中面筋的含量分类（见表 2—2），有国家标准（GB 1355—2005），行业中还习惯按面粉的加工精度和用途分类。

表 2—2　　小麦粉的国家标准（GB 1355—2005）

名称	强中筋小麦粉	中筋小麦粉	强筋小麦粉	弱筋小麦粉
等级	一级	一级	一级	一级
灰分（干基），%	≤0.55	≤0.55	≤0.6	≤0.55
面筋量（14%水分），%	≥28.0	≥24.0	≥32.0	＜24.0
面筋指数	≥60	—	≥70	—
蛋白质（干基），%	—	—	≥12.2	≤10.0%
稳定时间，min	≥4.5	≥2.5	≥7.0	—
降落数值，s	≥200	≥200	≥250	≥150
加工精度	按实物标样	按实物标样	按实物标样	按实物标样

续表

名称	强中筋小麦粉	中筋小麦粉	强筋小麦粉	弱筋小麦粉
粗细度	CB30 全通过，CB36 留存≤10%	CB30 全通过，CB36 留存≤10%	CB30 全通过，CB36 留存≤10%	CB30 全通过，CB36 留存≤10%
含砂量，%	≤0.02	≤0.02	≤0.02	≤0.02
磁性金属物，g/kg	≤0.003	≤0.003	≤0.003	≤0.003
水分，%	≤14.5	≤14.5	≤14.5	≤14.5
脂肪酸值，mgKOH/100g（以干物计）	≤50	≤50	≤50	≤50
气味、口味	正常	正常	正常	正常

注：表中“—”的项目不检验。小麦粉其余各级别详见国家标准（GB 1355—2005）。

1）按面筋含量分类。按面粉中面筋蛋白质的高低分类，可将面粉分为强力粉、准强力粉、中力粉和薄力粉四种。强力粉是用特强的硬麦加工的面粉，主要用于制作主食面包和各种花色面包；准强力粉是用硬冬麦或硬春麦加工的面粉，主要用于制作面包、面条、饺子、油条等；中力粉是用中间质小麦或用软麦和硬麦混配加工的面粉，用于制作馒头、包子、烙饼等；薄力粉用软麦加工，用于制作蛋糕、饼干、曲奇等。

2）按小麦的加工精度分类。面粉按加工精度、色泽、含麸量的高低，可分为特制粉、标准粉和普通粉。特制粉弹性大，韧性、延伸性强，适宜做面包、馒头等，一般用于做高级宴会点心；标准粉的弹性不如特制粉，但营养素较全，适宜做烙饼、烧饼和酥性面点制品；普通粉弹性小、韧性差、可塑性强、营养素全，适宜做饼干、曲奇和大众化面食。

3）按用途分类。小麦粉可分为一般粉和专用粉。专用小麦粉的基础是专用小麦，例如硬红春麦是最好的面包粉小麦，软红冬麦是最好的饼干、蛋糕小麦。专用小麦粉的品质要求是均衡、稳定，要求小麦粉吸水量、筋力一致，不要忽高忽低。

①面条粉。面条粉具有色泽洁白、蛋白质含量高，制成面条不断条、口感爽滑的特点。使用时每 500 g 面粉加水 200～225 g、食盐 5 g，和面揉匀，饧 20 min，手擀或用面条机制成面条，沸水下锅煮。

②面包粉。面包粉具有粉质细腻、色泽洁白，面坯富有弹性拉劲，烘焙制成品气孔均匀、松软可口的特点。使用时需经过搅拌、轧延、分割、静置、饧发等工艺过程。

③饺子粉。饺子粉具有粉质细滑、色泽洁白、筋力适中、麦香味浓的特点，是水饺、馄饨等面点制品的理想用粉。使用时一般是用面粉 500 g、水 225 g 左右、食盐 5 g 和成面坯。其成品弹性好、有咬劲、不黏不糟、麦香味持久。

④自发粉。自发粉具有粉质细滑洁白、有光泽的特点。由精制小麦粉分次按比例与膨发剂（碳酸氢钠和磷酸二氢钙）搅拌混匀，使用时无须传统的发酵过程。使用时一般是面粉 500 g、水 200～225 g 和成面坯，可做馒头、包子、花卷、发面饼等，也可将面粉调成糊状炸制鸡腿、虾仁等食品。成品表皮光滑、色泽洁白，口感松软香甜、麦香味浓。

（2）面粉的品质鉴定。面粉的品质主要从含水量、颜色、新鲜度和所含面筋的数量、质量等几个方面进行鉴定。

1）面粉的色泽。面粉的颜色与小麦的品种、加工精度、储存时间和储存条件有关。加工精度越高，颜色越白；储存时间过长或储存条件较潮湿，则颜色加深。颜色加深是面粉品质降低的表现。

餐饮业一般采用感官鉴定的方法进行检验。通过与标准样品进行对照，同一等级的面粉，颜色越白，品质越好。

2）面粉的含水量。按国家标准规定，面粉厂生产的面粉含水量应在 13.5%～14.5%之间。

餐饮业常采用感官鉴别法鉴定面粉的含水量。基本方法是：用手握少量面粉，握紧后松手，如面粉立即自然散开，说明含水量基本正常；如面粉呈团块状，说明含水量超标。

3）面粉的新鲜度。餐饮业一般采用嗅觉和味觉的方法检验面粉的新鲜度。新鲜的面粉嗅之有正常的清香气味，咀嚼时略有甜味，凡是有腐败味、霉味、酸味的是陈旧的面粉。发霉、结块的是变质的面粉，不能食用。

2. 稻米

稻谷属禾本科植物，原产于印度及我国南部，现世界各地广有栽培，是我国的主要粮食作物之一。稻谷的主要产区集中在长江流域和珠江流域的四川、湖南、江苏、湖北、广东、海南等省。

(1) 稻米的种类和特点。糙米碾去皮层后称为稻米，俗称大米。稻米按米粒内所含淀粉的性质分为籼米、粳米和糯米。

1）籼米。籼米又称机米，我国大米以籼米产量最高，四川、湖南、广东等地产的大米都是籼米。籼米的特点是粒细而长（长度是宽度的三倍以上），颜色灰白，半透明者居多。硬度中等，加工时容易出现碎米，出米率较低，米质黏性小而涨性大，口感粗糙而干燥。

2）粳米。粳米又称大米，主要产于我国东北、华北、江苏等地。北京的京西稻、天津的小站稻都是优良的粳米品种。粳米的特点是粒形短圆而丰满，色泽蜡白，呈半透明状，硬度高，加工时不易产生碎米，出米率较高，黏性大于籼米小于糯米，而涨性小于籼米大于糯米。粳米又分为上白粳、中白粳等品种。上白粳色白、黏性较大，中白粳色稍暗，黏性较差。

3）糯米。糯米又称江米，主要产于我国江苏南部、浙江等地。特殊品种有江苏常熟地区的熟血糯和陕西洋县的黑米。糯米的特点是硬度低、黏性大、涨性小，色泽乳白不透明，但成熟后有透明感。糯米又分为籼糯和粳糯两种。粳糯米粒阔扁，呈圆形，其黏性较大，品质较佳；籼糯米粒细长，黏性较差，米质硬，不易煮烂。

(2) 稻米品质鉴定。我国餐饮业对稻米品质的鉴定，主要采用感官检验的方法。

1）米的粒形。每一种米都有其典型的粒形和大小。优良品质的米，米粒充实饱满、均匀整齐，碎米、糙米和爆腰米的含量小，没有未熟粒、虫蚀粒、病斑粒、霉粒和其他杂质。

碎米指米粒的体积占整粒米体积 2/3 以下的米。造成碎米的主要原因是稻谷的成熟度不足，米的硬度低、腹白多、爆腰米多等。糙米指没碾过或碾得不精的稻米。爆腰米指米粒上有裂纹的米。造成爆腰米的原因是阳光暴晒、风吹、干燥或高温等。

2）米的腹白和心白。腹白是指米粒的腹部有白色粉质的部分（乳白色不透明的部分）。心白是指米粒的中心有花状白色粉质部分。

籼米、粳米、糯米都可能出现腹白和心白。腹白和心白大的米，其粉质部分多，玻璃质（即透明部分，又称角质）的部分就少。含腹白和心白多的米，蛋白质含量少，吸水能力降低，出饭率小，食味欠佳，粒质疏松脆弱、易折裂，碎米多，不耐储藏。因此，这种米品质较差。

3）米的新鲜度。新鲜的米食味好，有光泽，味清香，熟后柔韧有黏性，滋味适口。陈化的大米含水量降低，干粒重减轻，米质硬而脆，色泽暗无光，柔韧性变弱，黏度降低，吸水膨胀率增大，出饭率增高，易生杂质，香味和食味变差。稻米的陈化以糯米最快，粳米次之，籼米较慢。为了有效地延缓稻米的陈化，一般应将稻米储于低温、干燥的环境中。

（3）米粉的加工方法。面点工艺中，常将大米磨成粉状制作各种点心，大米磨粉的方法一般有三种：

1）水磨法。将大米用冷水浸泡透，当能用手捻碎时，连水带米一起上磨，磨成粉浆，然后装入布袋，将水挤出即成。水磨粉的特点是粉质细腻，制成食品软糯滑润，易成熟。因含水分较多，夏季容易变质、结块、酸败，不易保存。

2）湿磨法。将大米用冷水浸泡透，至米粒松胖时，捞出控净水，上磨磨成细粉。湿磨粉软滑细腻，制成食品质量较好。湿磨粉的特点是含水量较多，不易保存。

3）干磨法。将各类大米不经加水直接上磨磨制成粉。干磨粉的特点是含水量少，不易变质，易于保管运输，但是其粉质较粗，成品口感较差。

3. 杂粮

（1）玉米。玉米又称苞谷、棒子。我国栽培面积较广，主要产于四川、河北、吉林、黑龙江、山东等省，是我国主要的杂粮之一，为高产作物。

玉米的种类较多，按其子粒的特征和胚乳的性质，可分为硬粒型、马齿型、粉型、甜型、糯型，按颜色可分为紫色、黄色、黑色、白色和杂色玉米。东北地区多种植质量最好的硬粒型玉米，华北地区多种植适于磨粉的马齿型玉米。

玉米的胚特别大，约占子粒总体积的30%，它既可磨粉又可制米，没有等级之分，只有粗细之别。粉可做粥、窝头、发糕、菜团、饺子等，米（玉米渣）可煮粥、焖饭。

（2）高粱。高粱又称木稷、蜀黍，主要产区是东北的吉林省和辽宁省，山东、河北、河南等省也有栽培，是我国主要杂粮之一。

高粱米粒呈卵圆形微扁，按品质可分为有黏性（糯高粱）和无黏性两种，按粒色可分为红色和白色两种。红色高粱呈褐红色，白色高粱呈粉红色，它们均坚实耐煮。按用途可分为粮用、糖用和帚用三种，粮用高粱米可做饭、煮粥，还可磨成粉做糕团、饼等食品。

高粱的皮层中含有一种特殊的成分——单宁。单宁有涩味，能与蛋白质和消化酶形成难溶于水的复合物，影响食物的消化吸收。高粱米加工精度高时，可以消除丹宁的不良影响，同时提高蛋白质的消化吸收率。

（3）小米。谷子去皮后为小米，又称黄米、粟米，主要分布于我国黄河流域及其以北地区。小米一般分为糯性小米和粳性小米两类，通常红色、灰色者为糯性小米，白色、黄色、橘红色者为粳性小米。一般浅色谷粒皮薄，出米率高，米质好；深色谷粒壳厚，出米率低，米质差。我国小米的主要品种有以下几种：

1）金米。金米产于山东省金乡县马坡一带，色金黄、粒小、油性大、含糖量高、质软味香。

2）龙山米。龙山米产于山东省章丘市龙山一带，品质与金米相似，淀粉和可溶性糖含量高于金米，黏度高、甜度大。

3）桃花米。桃花米产于河北省蔚县桃花镇一带，色黄、粒大、油润、利口、出饭率高。

4）沁州黄。沁州黄产于山西省沁县檀山一带，圆润、晶莹、蜡黄、松软甜香。小米可以熬粥、蒸饭或磨粉制饼、蒸糕，也可与其他粮食类混合食用。

（4）黑米。黑米属稻类中的一种特质米。籼稻、糯稻均有黑色种。黑籼米又称黑籼，它也分籼性、粳性两类。黑米又称紫米、墨米、血糯等。我国名贵的黑米品种有以下几种：

1）广西东兰墨米。又称墨糯、药米。其特点是米粒呈紫黑色，煮饭糯软，味香而鲜，油分重。用它酿酒，酒色紫红，味美甜蜜，醇香浓郁。其营养价值高，是优质大米中的佼佼者。

2）西双版纳紫米。因米色深紫而得名，分为米皮紫色、胚乳白色和皮胚皆紫色两种。其特点是蒸饭、煮饭后皆呈紫红色，滋味香甜，黏而不腻，营养价值较高，有补血、健脾及治疗神经衰弱等多种功能。

3）江苏常熟血糯。又称鸭血糯、红血糯。血糯呈紫红色，性糯味香腴。米中含有多种营养成分，食用血糯有补血之功效。血糯分早血糯、晚血糯和单季糯。前两种是籼性稻，品质较差。常熟种植的多为单季血糯。其特点是米粒扁平，较粳米稍长，米色殷红如血，颗粒整齐，黏性适中，主要用于制作酒宴上的甜点心。

4）陕西洋县黑米。它是世界名贵的稻米品种。其特点是外皮墨黑，质地细密。黑米煮食味道醇香，用其煮粥黝黑晶莹，药味淡醇，为米中珍品，有“黑珍珠”的美称，是旅游饭店中畅销的食品。

（5）荞麦。古称乌麦、花荞。荞麦子粒呈三角形，以子粒供食用。荞麦主产区分布在西北、东北、华北、西南一带的高寒地区。荞麦生长期短，适宜在气候寒冷或土壤贫瘠的地方栽培。荞麦的品种较多，主要有四种：

1）甜荞。又称普通荞麦，品质较好。

2）苦荞。又称鞑靼荞麦，壳厚，果实略苦。

3）翅荞。又称有翅荞麦，品质较差。

4）米荞。皮易于爆裂而成荞麦米。

荞麦是我国主要的杂粮之一，用途广泛，子粒磨粉可做面条、面片、饼子和糕点等。荞麦中所含的蛋白质与淀粉易于被人体消化吸收，是消化不良患者的良好食品。

（6）莜麦。莜麦又称裸燕麦，是燕麦的一种，一年生草本作物。主要分布在内蒙古阴山南北，河北省的坝上、燕山地区，山西省的太行、吕梁山区及西南大小凉山高山地带，以山西、内蒙古一带食用较多。莜麦是我国主要的杂粮之一，它的加工须经过“三熟”，即磨粉前要炒熟、和面时要烫熟、制坯后要蒸熟。

莜麦面有一定的可塑性，但无筋性和延伸性。莜麦面可做莜面卷、莜面猫耳朵、莜面鱼等。莜麦面品种的熟制可蒸、可煮，吃时讲究冬蘸羊肉卤，夏调盐菜汤。成品一般具有爽滑筋道的特点。

（7）薏米。薏米学名薏苡，又叫苡仁，因其药用价值又称“药玉米”。薏米耐高湿，喜生长于背风向阳和雾期较长的地区，凡全年雾期在百日以上者，薏米产量高、质量好。我国广西、湖北、湖南产量较高，其他地区也广有栽培。成熟后的薏米呈黑色，果皮坚硬有光泽，颗粒沉重，果形呈三角状，出米率40％左右。薏米的主要优质品种有两种：

1）桂林薏米。其特点是种子纯、颗粒大。

2）关外米仁。关外米仁产于辽宁东部山区及北部平原地区，产量虽然不高，但品质精良。其特点是颗粒饱满、色白质净、入口软清。

(8) 薯类

1) 马铃薯。亦称土豆、洋山芋。性质软糯、细腻，去皮煮熟捣成泥后，可单独制成煎炸类点心，也可与米粉、熟澄粉掺和，制成薯蓉饼、薯蓉卷、薯蓉蛋及各种象形水果，如象生梨等。

2) 山药。亦称地栗。山药质地爽脆呈透明状，口感软滑而带有黏性，可制作山药糕和芝麻糕，也可煮熟去皮捣成泥，与淀粉、面粉、米粉掺和制作各种点心。

3) 芋头。又称芋艿。芋头性质软糯，蒸熟去皮捣成芋头泥，与面粉、米粉掺和后可制作各式点心，以广西、广东的品种最佳。

4) 甘薯。又称红苕，是我国主要杂粮之一。甘薯含有大量的淀粉，质地软糯，味道香甜。甘薯有红瓤、白瓤和黄瓤等品种。一般红瓤和黄瓤品种含水分较多，白瓤较干爽，味甘甜。蒸熟后去皮与澄粉、米粉搓擦成面坯，包馅后可煎、炸成各种小吃和点心。

(9) 豆类

1) 绿豆。绿豆的品种很多，以色浓绿、富有光泽、粒大整齐的品质最好。绿豆除可做饭、粥、羹等食品外，还可以磨成粉，制成绿豆糕、绿豆面、绿豆煎饼等，同时绿豆粉还可做绿豆馅。

2) 赤豆。赤豆又名红小豆，以粒大皮薄、红紫有光、豆脐上有白纹者品质最佳。赤豆性质软糯、沙性大，可做红豆饭、红豆粥、红豆凉糕等，也可用于制作馅心。

3) 黄豆。黄豆又名大豆，含蛋白质、脂肪丰富，具有很高的营养价值。黄豆粉黏性差，与玉米面掺和后可使制品疏松、暄软。成品有团子、小窝头、驴打滚及各种糕饼等。

4) 豌豆和芸豆。这些豆类一般具有软糯、口味清香等特点，煮熟过罗（或捣泥）后可做各种点心，如豌豆黄、芸豆卷等。

二、馅心原料

1. 家畜家禽类

（1）猪肉。猪肉是中式面点工艺中使用最广泛的制馅原料之一。猪肉含有较多的肌间脂肪，肌肉的纤维细而软。制馅时应选用肥瘦相间、肉质丝缕短、嫩筋较多的前夹心肉。前夹心肉制成的馅，鲜嫩卤多，比用其他部位肉制成的馅滋味好。

（2）牛肉。牛肉肉质坚实，颜色棕红，切面有光泽，脂肪为淡黄色至深黄色，制作馅心一般应选用鲜嫩无筋络的部位。牛肉的吸水力强，调馅时应多打些水。

（3）羊肉。绵羊肉肉质坚实，色泽暗红，肉的纤维细软，肌间很少有夹杂的脂肪。山羊肉比绵羊肉色浅，呈较淡的暗红色，皮下脂肪稀少，质量不如绵羊肉。制作馅心一般应选用肥嫩而无筋膜的绵羊肉。

（4）鸡肉。鸡肉的肉质纤维细嫩且均为肌肉组织，可用于制作白色馅心。由于其含有大量的谷氨酸，因而滋味鲜美，制馅一般选用当年的嫩鸡胸脯肉。

（5）肉制品。制馅使用的肉制品原料一般有火腿（如金华火腿）、香肠、酱鸡、酱鸭、腊肉等。用火腿制馅时，应将火腿用水浸透，待起发后熟制，去皮、骨，切成小丁或按需要拌入白酒。用香肠制馅，应按品种的具体要求，切片或切丁使用。用酱鸡或酱鸭制馅时，一般先去骨，再切丝或丁使用。

2. 水产海味类

（1）虾。虾外壳呈青白色，肉质细嫩，味道鲜美。调馅时，要去须腿、皮壳、沙线，将虾洗净，并按制品要求切丁或斩蓉，调味即可。应特别注意的是，用虾制馅一般不放料酒，因为用料酒调制虾馅，会使虾肉有土腥味。

另外，虾仁、海米也是制馅原料。虾仁制馅方法与大虾基本相同。海米制馅，一般应先将海米用清水泡透，再按制品要求切末或切粒。

（2）海参。海参是一种海产棘皮动物，有刺参、梅花参等品种。用海参制馅，需要先将海参开腹、去肠，洗净泥沙后再切丁调味。

用海参制馅时应注意的是，海参丁应比与其同时制馅的其他原料稍大一些，因为海参遇油脂会逐渐融化。

（3）干贝。干贝是扇贝闭壳肌的干制品，以粒大、颗圆、整齐、丝细、肉肥、色鲜黄、微有亮光、面有白霜、干燥者为佳品。制馅时，需将其洗净，放入碗内加水上屉蒸透，去掉结缔组织后使用。用干贝制馅时，可将其切小丁，或用手撕成细丝。

（4）鱼类。鱼类有上千个品种。用于制作面点馅心的鱼，要选用肉嫩、质厚、刺少的鱼种，如鲅鱼。用鱼制馅，均须去头、皮、骨、刺，再根据品种的需要制馅。

3. 干果类

（1）瓜子仁。瓜子仁是制作五仁馅、百果馅的原料之一，可作为八宝饭、蛋糕等点心的配料。面点工艺中最常用的是西瓜子仁、葵花子仁和南瓜子仁。瓜仁以干洁、饱满、圆净、颗粒均匀者为佳。

1）黑瓜子仁。也称西瓜子。黑瓜子仁为西瓜的种子去壳后的子仁。我国江西信丰县、广西贺县产的红色品种子粒肥大、肉厚清香、久不霉变，是著名的传统特产。

2）白瓜子仁。也称南瓜子、金瓜子、角瓜子。白瓜子仁为倭瓜（南瓜）、角瓜、白玉瓜和西葫芦等瓜子去壳后的子仁。我国北方广有出产，吉林、黑龙江等地产的白瓜子较著名，品种有雪白、光板、毛边、黄厚皮四种。其中雪白和光板质量好，毛边次之，黄厚皮较差。

3）葵花子仁。向日葵的籽实去壳后的子仁，是一种经济价值很高的油料作物。我国各地均有种植，以东北和内蒙古较多。葵花子以粒大、仁满、色清、味香者品质为优。

（2）榄仁。榄仁为橄榄科植物乌榄的核仁。榄仁主产于福建、广东、广西、台湾等地。榄仁仁状如梭，外有薄衣（红色），焙炒后衣皮很易脱落，仁色洁白而略带牙黄色，肉质细嫩，富有油香味，是一种名贵的果仁。榄仁是南方伍仁馅原料之一。榄仁以颗粒肥大均匀、仁衣洁净、肉色白、脂肪足的品质较好。

(3) 松子仁。松子仁为松树的种仁，主要是红松（果松、海松）和偃松（爬地松）的种子。松子仁产于黑龙江省大小兴安岭和东部林区。松子仁一般在9月上旬开始成熟。由于松塔素有“秋分不落春分落”的特性，因而采集时不能等待松塔自然脱落，需人工上树采集。

松子仁是北方伍仁馅的原料之一。松子仁呈黄褐色，有明显的松脂芳香味，以颗粒整齐、饱满、洁净者为佳。

(4) 白果。白果是我国特产硬壳果之一，以核仁供熟食。白果主产于江苏、浙江、湖北、河南等地。白果10月果实成熟，有椭圆形、倒卵形和圆珠形。核果外有一层色泽黄绿有特殊臭味的假种皮，收获后假种皮腐烂，露出晶莹洁白的果核，敲开果核才是玉绿色的果仁，果实每千克300～400粒。优质品种有：

1）佛指。佛指产于江苏泰兴，其壳薄、仁大，两头尖似橄榄，核饱满、味甘美，为白果良种。

2）梅核。梅核产于浙江长兴，俗称圆白果，形状像梅子核，颗粒较小。果仁软清甘甜，清香味美。

白果可用作糕点配料，但是白果仁含有白果苷，可分解出毒素，食用不当会引起中毒，所以面点工艺中选用时应严格控制数量。

(5) 芝麻。我国除西北地区外，广有栽培芝麻。种子按皮色分有黑、白、黄三种，均以颗粒饱满均匀、无黑白间杂、无杂质者为好。芝麻经加热炒熟去皮为芝麻仁，是五仁馅原料之一。

(6) 腰果。腰果为世界四大干果之一，又称鸡腰果。腰果肉质松软，味道似花生仁，可做糕点的馅心，也可做点缀之用。

(7) 核桃。核桃为世界四大干果之一。核桃又称胡桃、长寿果，原产于伊朗，现我国北方和西南均有种植。核桃7～9月成熟，外面有木质化硬壳，里边是供食用的果仁。

核桃的特点是含水分少，含糖类、脂肪、蛋白质和矿物质丰富，营养价值很高，耐储存。核桃的品种很多，著名品种有：

1）光皮绵核桃。光皮绵核桃主要产于山西汾阳，9月中旬成熟，果形有长有圆，料大壳薄，表面光滑，出仁率在59%左右，仁含油量72%左右。

2）露仁核桃。露仁核桃产于河北昌黎，外壳薄，种仁微露，易脱仁，出仁率为65%，含油量为76%。

3）鸡爪绵核桃。鸡爪绵核桃产于山东，壳薄光滑，种仁饱满，出仁率为40%～54%，含油量为68%。

4）阳平核桃。阳平核桃产于河南洛阳一带，壳薄，果实大，种仁饱满，产量较高，是河南的优良品种。

核桃仁是五仁馅原料之一，以饱满、味醇正、无杂质、无虫蛀、未出过油的为佳品，一般先经烤熟，再加工制馅。

(8) 杏仁。杏仁为我国原产。杏仁有苦、甜两种。苦杏仁多为山杏的种子。内蒙古多产苦杏仁，这种杏仁含脂肪约50%，并含有苦杏仁苷和苦杏仁酶。苦杏仁苷经酶的作用，可生成有杏仁香气的苯四醛和有剧毒的氢氰酸等，食用不当会引起食物中毒。食用前须反复水煮、冷水浸泡去掉苦味。甜杏仁为杏的种子，所含苦杏仁苷的量很少。我国著名的杏仁品种有：

1）龙王帽大扁。龙王帽大扁产于北京西部山区及辽宁等地。杏仁扁平肥大、仁肉细质，含脂肪56.7%，出仁率18%，每500克170粒仁是杏仁中颗粒最大的品种。

2）巴旦杏仁。巴旦杏仁产于新疆喀什地区，是世界四大干果之一。巴旦杏果肉干硬不可食用，杏仁重1～5 g，有甜苦之分，甜者供食，苦者药用，有很高的营养价值。

杏仁是五仁馅原料之一，既可炒食，也可磨粉做成杏仁饼、杏仁豆腐、杏仁酪和杏仁茶，还可做成各种小菜。同时它还能榨油，也是制药的优质原料。

(9) 花生。花生学名落花生，通常9～10月上市，种子（花生仁）呈长圆形、长卵圆形或短圆形，种皮有淡红色、红色等。主要类型有普通型、多粒型、珍珠豆型和腰型四类。

花生去壳去内衣为花生仁，以粒大身长、粒实饱满、色泽洁白、香脆可口、含油脂多者为佳。花生是五仁馅原料之一，制馅时应先烤熟，去皮。花生仁是中式面点工艺中糕点馅心五仁馅、果子馅的主要原料。

(10) 莲子。莲子分湘莲、湖莲、建莲等品种。莲子外衣赤红色，圆粒形，内有莲心。用莲子制馅前，要先去掉赤红色外衣，再去掉莲心。

(11) 椰蓉。椰蓉由椰子经清洗、去壳、选肉、制粒、糖渍、加入液体葡萄糖、加热、紫外线照射、熬制、冷却等十几道工序精制而成。优良品质的椰蓉质地柔软、颗粒均匀，用手触摸时微黏且有少量椰汁留在手上，感官上色泽新鲜，雪白油亮，无黄色或黑色斑点，无杂质。椰蓉嗅之有浓郁的椰香味和淡淡的椰油味，食之爽口滋润、甜而不腻、椰香满口、无苦涩味。优良品质的椰蓉制馅时，汁不会大量外流，汁液大部分保留在椰蓉中。

4. 水果花草类

(1) 鲜水果。中式面点工艺中常用的鲜水果类原料主要有苹果、梨、山楂、樱桃、猕猴桃、草莓、橘子、香蕉、桃、荔枝等。它们既可以制馅、制酱包于面坯内，又可点缀于面坯表面上，起增色调味的作用。

(2) 蜜饯与果脯。蜜饯与果脯习惯上混称，是用高浓度的糖液或蜜汁浸透果肉加工而成，分为带汁和不带汁的两种。

1) 蜜饯。蜜饯以果蔬等为原料，用糖或蜂蜜腌制，带汁、含水分较多，鲜嫩适口，表面比较光亮湿润，多浸在半透明的蜜汁或浓糖液中。蜜饯按加工方法不同分为糖渍蜜饯和返砂蜜饯。

①糖渍蜜饯。原料经精渍后，成品浸渍在一定浓度的糖液中，略有透明感，如糖青梅、蜜樱桃、蜜金橘、糖化皮榄等。

②返砂蜜饯。原料经糖渍、糖煮后，成品表面干燥，附有白色糖霜，如冬瓜条、糖橘饼、红绿丝、白糖杨梅等。

2) 果脯。果脯通过煮制加入砂糖浓缩干燥而成，不带汁、含水分少。成品表面不黏不燥，有透明感，无糖霜析出，如杏脯、桃脯、苹果脯、梨脯、枣脯等。

3）凉果。原料在糖渍或糖煮过程中，添加甜味剂、香料等，成品表面呈干态，具有浓郁香味，如雪花应子、柠檬李、丁香榄等。

4）甘草制品。原料采用果坯，配以糖、甘草和其他食品添加剂，浸渍处理后进行干燥，成品有甜、酸、咸等风味，如话梅、话李、九制陈皮、甘草榄、甘草金橘等。

5）果糕。原料加工成酱状，经浓缩干燥，成品呈片、条、块等形状，如山楂糕、金糕条、山楂饼、果丹皮等。

（3）鲜花类

1）桂花酱。桂花酱是鲜桂花经盐渍后加入糖浆制成，以金黄、有桂花的芳香味、无夹杂物者为佳。

2）糖玫瑰。鲜玫瑰花清除花蕊杂质后，用糖揉搓，再将玫瑰、糖分层码入缸中，经密封、发酵后制成。

三、食品添加剂

1. 小苏打

小苏打俗称食粉。它呈白色粉末状，味微咸，无臭味。在潮湿或热空气中缓缓分解，放出二氧化碳，分解温度60℃，加热至270℃时失去全部二氧化碳，产气量约261 mL/g，pH值为8.3，水溶液呈弱碱性。小苏打分解后残留碳酸钠使成品呈碱性而影响口味，使用不当会使成品表面有黄斑点，同时食品中的维生素在碱性条件下加热容易被破坏，因此小苏打的用量一般应控制在1.5%以内。

2. 臭粉

臭粉俗称臭起子。它呈白色粉状结晶，有氨臭味。对热不稳定，在空气中风化，在60℃以上迅速挥发，分解出氨、二氧化碳和水，产气量约为700 mL/g，易溶于水，稍有吸湿性，pH值为7.8，水溶液呈碱性。臭粉分解后产生带强烈刺激味的氨气，虽然极易挥发，但成品中仍可残留一些，从而带来一些不良风味。臭粉的用量应控制在1%以内。

3. 发酵粉

发酵粉俗称泡打粉，是由酸剂、碱剂和填充剂组合的一种复合膨松剂。发酵粉的酸剂一般为磷酸二氢钙，碱剂一般为碳酸氢钠，填充剂一般使用淀粉。在发酵粉中主要是酸剂和碱剂遇水相互作用，产生二氧化碳；填充剂的作用在于增加膨松剂的保存性，防止吸潮结块和失效，同时也有调节气体产生速度和使气泡均匀产生等作用。发酵粉呈白色粉末状，无异味，由于添加有甜味剂，略有甜味。在冷水中分解，放出二氧化碳，水溶液基本呈中性，二氧化碳散失后略显碱性。发酵粉在冷水中即可分解，产生二氧化碳，因而在使用时应尽量避免与水过早接触，以保证正常的发酵力。发酵粉的用量一般以3%左右为宜。

4. 活性干酵母

活性干酵母呈小颗粒状，一般为淡褐色，含水量10%以下，不易酸败，发酵力强而均匀。使用时一般需加入30℃的温水将其溶成酵母液，再加入少许糖或酵母营养盐，以恢复其活力，再与面粉和成面坯。应注意避免酵母液直接与食盐、高浓度的糖液、油脂等物质混合，因为食盐、高浓度糖的渗透压作用会使酵母内的内生水遭破坏，从而降低酵母的活性。活性干酵母的用量以1.5%左右为宜。

模块三　中式面点基本技术动作

我国面点虽然种类繁多、花色复杂，但经过历代的演变，至今已形成了一套科学且行之有效的工艺流程。这些工艺流程虽因地域、风味的差异有所区别，但总体说来包括和面、揉面、搓条、下剂、制皮、制馅、上馅、成型、熟制、装盘10个工序。

一、和面

和面又称调面，是将粉料与其他辅料（如水、油、蛋、添加剂等）掺和并调制成面坯的工艺过程。和面是整个面点工艺制作中最初的一道工序，是制作点心的重要环节。和面质量的好坏，直接影响着点心工艺程序能否顺利进行以及成品的质量。

1. 和面的基本要领

在调制面坯时，需用一定强度的臂力和腕力。为了便于用力，正确的姿势是：两脚稍分开站立，面入缸内或案板上，中间扒一凹塘，然后分次将水或其他辅料掺入，拌成雪花状，最后洒上少量水揉制成面坯。

2. 和面的一般要求

（1）掺水量要适当。掺水量应根据不同的品种、不同季节和不同面坯而定。掺水时应根据粉料的吸水情况分几次掺入，而不是一次加大量的水，这样才能保证面坯的质量。

（2）动作迅速、干净利落。无论哪种和面手法，都要求投料吃水均匀，符合面坯的性质要求。和面以后，要做到手不粘面、面不粘缸（盆、案）、面坯表面光滑。

3. 和面的手法

和面的手法大体上有三种，即抄拌法、调和法、搅和法，其中以抄拌法使用最为广泛。

（1）抄拌法（见图 2—1）。将面粉放入缸或盆中，中间扒一凹塘，分次放水，用手将粉料反复抄拌均匀，揉搓成面坯。如水调面坯工艺等。

图 2—1　抄拌法

（2）调和法（见图 2—2）。将面粉放在案板上，围成中薄边厚的窝形（行业里称为开窝），将水或其他辅料倒入窝内，一只手拿刮刀，另一只手五指张开，掌心紧贴案子，将窝内原料混合均匀，再从内向外逐渐拨入面粉调和，面呈雪片状后，再经过搓、揉、叠、摔等工艺方法使面坯光滑。如水油面坯、松酥面工艺等。

（3）搅和法（见图2—3）。将面粉放入盆内，左手浇水，右手拿着面杖或竹筷搅和，边浇边搅，搅成均匀的面坯。如烫面工艺等。

图2—2　调和法

图2—3　搅和法

在面点工艺中，无论采用哪种和面手法，和好的面坯一般都要用干净的湿布盖上，以防止面坯表面干燥、结皮、裂缝。

二、揉面

揉面是在面粉颗粒吸水发生粘连的基础上，通过反复揉搓，使各种粉料调和均匀，充分吸收水分形成面坯的工艺过程。揉面是调制面坯的关键，它可使面坯进一步增劲、柔润、光滑。

1. 揉面的要求

揉面时脚要稍稍分开，站成丁字步，上身稍弯曲，身体不靠案板。面坯要揉透，使整块面坯吸水均匀、不夹粉茬，揉至面光、缸光、手光。

2. 揉面的手法

揉面的手法主要有捣、揉、摭、摔、擦五种。

（1）捣（见图2—4、图2—5）。捣是在面和成团后，将面坯放在缸盆内，双手紧握拳头，在面坯上用力向下均匀挤压，力量越大越好。面被挤压向缸的周围时，再将其叠拢到中间，如此反复多次，直至把面坯捣透上劲为止。

图 2—4　单手捣

图 2—5　双手捣

（2）揉（见图 2—6）。揉是用双手掌跟压住面坯，用力伸缩并向外推动，把面坯摊开、叠起，再摊开、再叠起，如此反复，直至面坯滋润均匀。

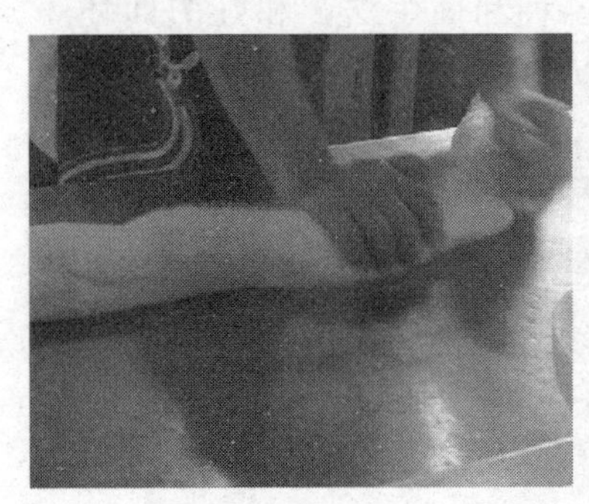

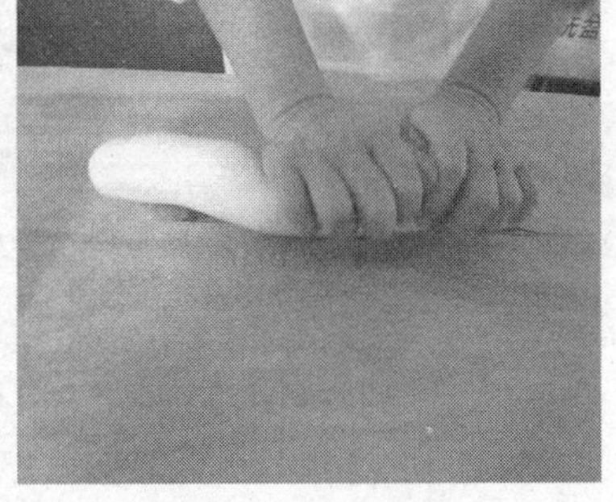

图 2—6　揉

（3）搋。搋是双手在面坯上用力压和揉，边压、边推、边揉，把面坯向外推开，然后卷回再压、再推。搋比揉的劲大，能使面坯更均匀、柔顺、光润。

（4）摔（见图 2—7）。它分为两种手法。一种是固态面坯的摔法：手拿面坯，举起来，手不离面，使面很快落在案板上，反复至均匀为止。水油面的调制就是采用此法。另一种是稀软面坯的摔法：用手拿起面坯，脱手使面很快落在盆内，如此反复，直至面坯均匀。春卷面的调制就是运用此法。

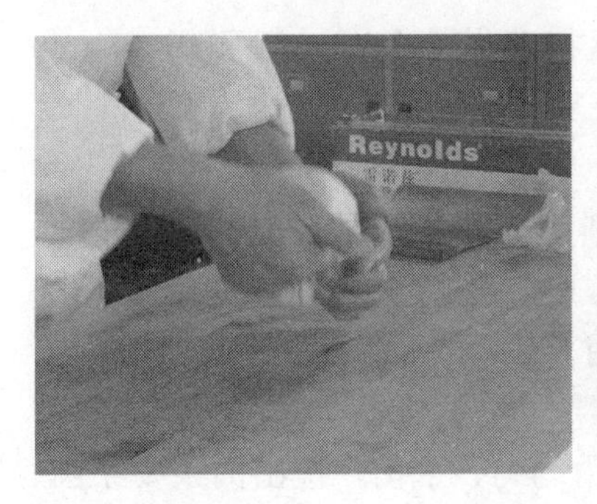

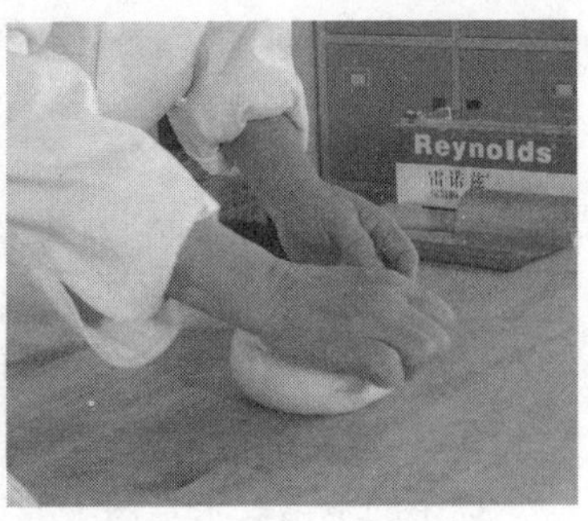

图 2—7　摔

（5）擦（见图 2—8）。主要用于油酥面坯和部分米粉面主坯的工艺。方法是在案子上将油与面混合后，用手掌跟把面坯一层层向前推擦，使油和面相互粘连，形成均匀的面坯。

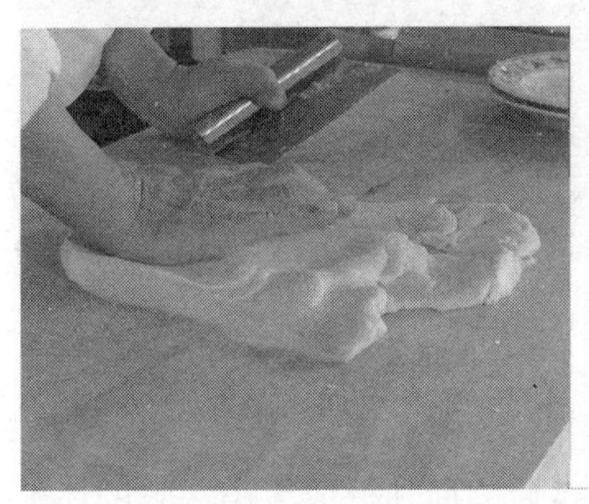

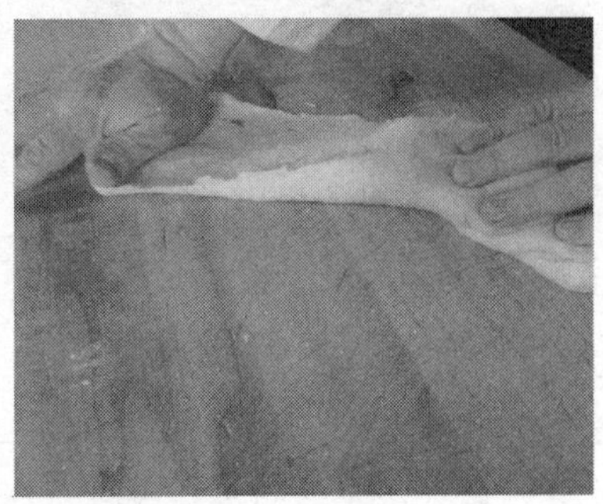

图 2—8　擦

3. 揉面的要领

（1）揉面时要用巧劲，既要用力，又要揉“活”，必须手腕着力，而且力度要适当。

（2）揉面时要按照一定的次序，顺着一个方向揉，不能随意改变，否则不易使面坯达到光洁的效果。

（3）发酵面时，不要用死劲，不要反复不停地揉，还要避免将面揉死而达不到膨松的效果。

（4）揉匀面坯后，不要紧接着做成品，一般要饧 10 min 左右。

三、搓条

搓条（见图 2—9）是下剂前的准备步骤，是将揉好的面坯搓成条状的工艺过程。操作时，将饧好的面坯先切成长条状，将条状面坯放在案台上用双手掌来回揉成粗细均匀的圆形长条。

搓条的基本要求是两手着力均匀、平衡，搓出的条要条圆、光洁、粗细一致。

图 2—9　搓条

四、下剂

下剂又称掐剂子，就是将搓条后的面坯分成大小一致的坯子的工艺过程。下剂直接关系到点心成型后的规格大小，也是成本核算的标准。根据各种面坯的性质，常用的下剂方法有揪剂、挖剂、拉剂、切剂、剁剂等。

1. 下剂的基本要求

大小均匀，重量一致，剂口利落，不带毛茬。

2. 下剂的手法

（1）揪剂（见图 2—10）。揪剂又称摘剂。方法是将搓好的剂条用左手捏住，露出相当于坯子大小的截面，然后用右手大拇指与食指轻轻捏住剂条，经左手食指与右手拇指间的摩擦，用力顺势揪下。

揪剂的基本要领是左手不能用力太大，揪下一只剂子后，左手将面条转 90°，然后再揪。

（2）挖剂（见图 2—11）。挖剂又称铲剂，多用于较粗的剂条。方法是搓条后将剂条放在案板上，左手虎口按住剂条，右手四指弯曲成铲形，手心朝上从剂条下面伸入，左手向下、右手四指向上挖下剂子。

图 2—10　揪剂

图 2—11　挖剂

挖剂的要领是右手在挖剂时用力要猛，要使其截面整齐、利落。

（3）拉剂。拉剂多用于较为稀软的面坯。由于面坯较软，不宜将剂条拿在手中下剂，因而采用此法。操作方法是左手按住剂条，右手五指抓住剂子，用力拉下。

（4）切剂（见图 2—12）。切剂就是将剂条用刀切成均匀的剂子。其方法是将剂条放在案板上，用刀切成大小一致的面剂，如圆酥的剂子。切剂的要领是下刀准确、刀刃锋利，切剂后剂子截面呈圆形。

（5）剁剂（见图 2—13）。剁剂就是将搓好的剂条放在案板上，根据品种要求的大小，用刀均匀地将剂子剁下，如制作花卷、馒头等。

图 2—12　切剂

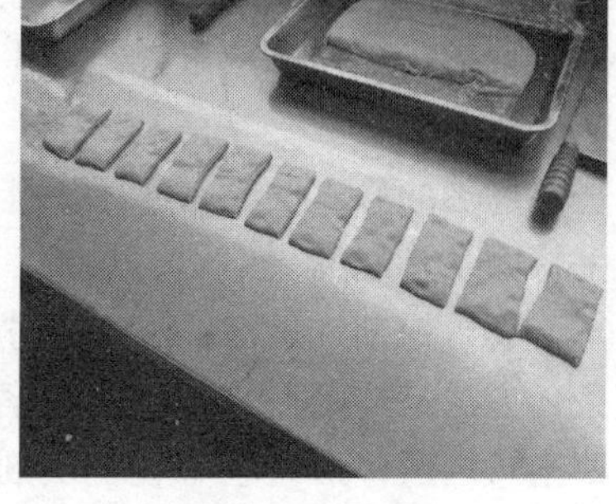

图 2—13　剁剂

五、制皮

制皮是将面剂按照包馅工艺的要求加工成适宜形状的工艺过程。面点工艺中很多品种的制作都需要制皮工艺。制皮工艺技术性较强，操作方法也较为复杂。面皮质量的好坏直接影响包、捏工序的进行和点心的最后成型。由于各类品种对皮的要求不同，制皮方法也有所不同。制皮最常用的方法有按皮、擀皮、捏皮、摊皮和压皮等。无论用哪一种方法制皮，都要求皮的软硬适度、形状统一、大小一致、薄厚均匀，符合制品要求。

1. 按皮

按皮（见图 2—14）是一种较为简单的制皮方法。其操作方法是将下好的面剂截面向上，用手掌跟将其按扁，按成中间稍厚、四周稍薄的圆皮，如包子皮。按皮的要领是按皮时必须用手掌跟按，用手指或掌心按则不能保证剂子成皮。

2. 擀皮

擀皮（见图 2—15）是应用最广的制皮方法，它技术性强，要求较高。根据使用工具的不同及点心要求，擀皮的方法有许多种。常用的制皮工具有单手杖、双手杖、走槌等，它们分别用于水饺皮、蒸饺皮、烧卖皮以及馄饨皮、油皮酥等的制作。擀皮的总体要领是双手配合协调一致，用力大小均匀。

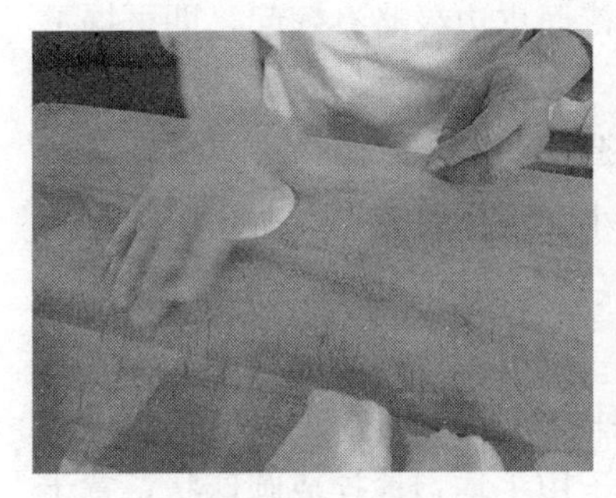

图 2—14　按皮

图 2—15　擀皮

3. 捏皮

捏皮（见图 2—16）适用于无筋力的面坯制皮，如米粉面坯、薯蓉面坯的制皮。操作方法是将剂子用手揉匀搓圆，再用双手手指捏成碗状，俗称捏窝。捏皮的要领是要用手将面坯反复捏匀，使其不致裂开而无法包馅。

图 2—16　捏皮

4. 摊皮

摊皮（见图 2—17）是一种较为特殊的制皮方法，主要用于稀软有筋力的面坯。其操作方法是将锅置于中小火上，锅内抹少许油，右手拿起面坯，不停抖动（因面坯很软，放在手上不动就会流下），顺势向锅内一抹，使面坯在锅内粘上一层，即成圆形皮子。随即拿起面坯继续抖动，待面皮边缘略有翘起，即可揭下成熟的皮子。

摊皮的要求是皮子形圆，厚薄均匀，无砂眼，大小一致。摊皮的操作要领是掌握好火候的大小，动作要连贯，所用锅一定要洁净，并适量抹油。

5. 压皮

压皮（见图 2—18）也是一种特殊的制皮方法，主要用于澄面点心的制皮。操作方法是将剂子用手均匀地揉成圆球状，置于案板上（要求案板光滑平整，无裂缝），案上抹少许油，右手持刀，将刀平放在剂子上，左手按住刀面，向前旋压，将剂子压成圆皮。操作要领是要用手将面坯反复揉匀，使其不致裂开而无法包馅。

图 2—17　摊皮

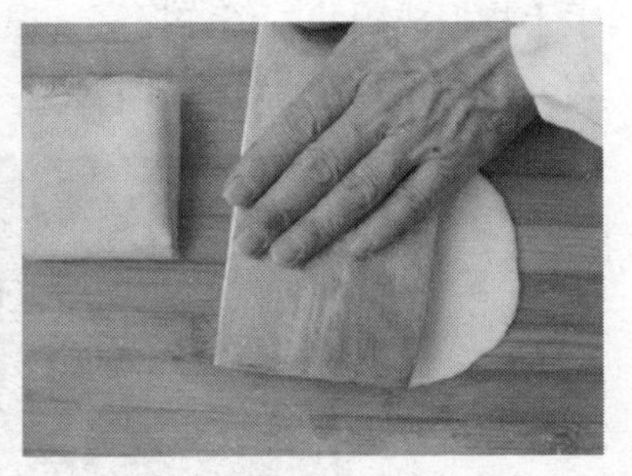

图 2—18　压皮

六、制馅

制馅是将食品原料经制碎、调味的工艺过程。馅是多数面食制品的重要组成部分，行业里习惯将制馅的成品称为馅心。馅心在面点工艺中具有体现面点口味、影响面点形态、形成面点特色和使面点花色品种多样化的特点。

中式面点的馅心品种繁多，类别复杂，按其口味和成熟与否，一般将其分为生成馅、熟成馅、生甜馅和熟甜馅四种。

馅心的调制方法将在以后章节专门阐述。

七、上馅

上馅也叫包馅、塌馅、打馅等，即在坯皮中间放上调好的馅心的工艺过程。它是制作有馅品种的一道重要工序。上馅的好坏，会直接影响成品的包捏和成型。根据品种不同，常用的上馅方法有包馅法、拢馅法、夹馅法、卷馅法等。

1. 包馅法

包馅法是用面皮将馅心裹起来的上馅方法，用于包子、饺子、盒子、汤圆等绝大多数带馅面点的制作。包馅法分为无缝包、捏边包、卷边包和提褶包等。

(1) 无缝包（见图 2—19）。此类品种有豆沙包、水晶馒头、麻蓉包等，一般是将馅上在中间，包成圆形或椭圆形，不宜将馅上偏。

(2) 捏边包（见图 2—20）。此类品种有水饺、蒸饺等。由于馅心较大，上馅要稍偏一些，这样将皮折叠上去，才能使皮子边缘合拢捏紧，馅心正好在中间。

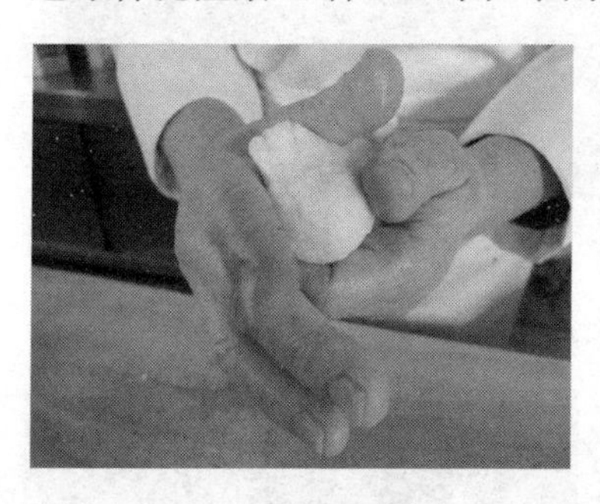

图 2—19　无缝包

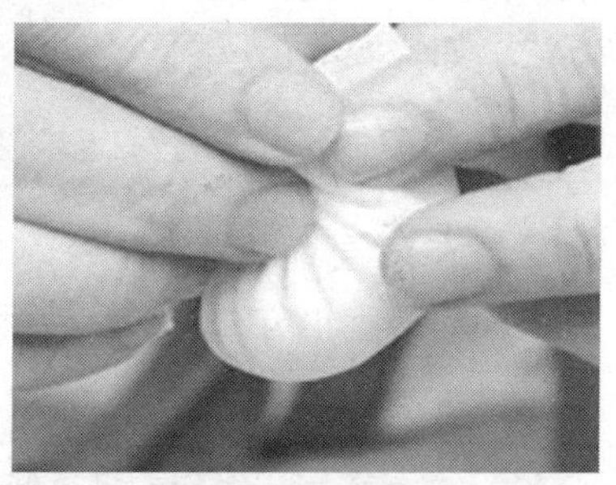

图 2—20　捏边包

(3) 提褶包（见图 2—21）。此类品种有南翔小笼包子、狗不理包子等。因提褶面呈圆形，所以馅心要放在皮子正中心。

(4) 卷边包（见图 2—22）。此类品种有酥盒子、鸳鸯酥等。它是将包馅后的皮子依边缘卷捏成型的一种方法，一般用两张面皮，中间上馅，上下覆盖，依边缘卷捏。

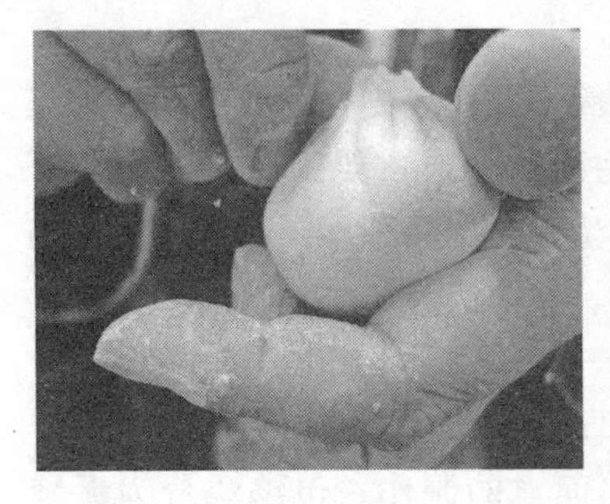

图 2—21　提褶包

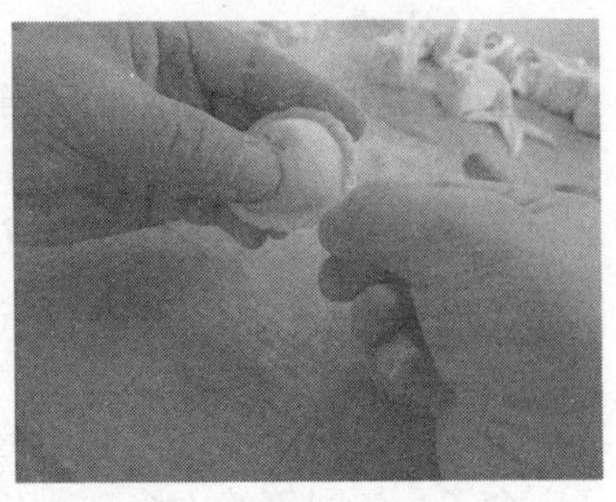

图 2—22　卷边包

2. 拢馅法

拢馅法（见图 2—23）是将馅放在面皮中间，然后将面皮轻轻收拢，不封口而露一部分馅，使其不松散的上馅方法。如烧卖等。

图 2—23　拢馅法

3. 夹馅法

夹馅法（见图 2—24）是在两层面皮中间放入馅心的上馅方法。如豆沙酥条等。

图 2—24　夹馅法

4. 卷馅法

卷馅法（见图 2—25）是将面剂擀成片，再将馅抹在面皮上（一般是细碎丁馅或软馅），以面片卷裹馅心成筒状的上馅方法。如果酱蛋糕、肉末懒龙等。

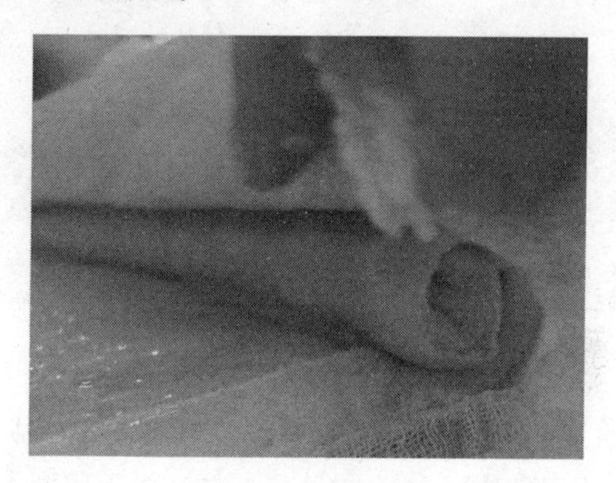

图 2—25 卷馅法

八、成型

1. 手工成型

（1）抻（见图 2—26）。抻是将面拉扯成长条或薄片的成型工艺。我国中西部地区制作面条的一种独有技术——拉面，使用的就是抻的成型方法。抻不仅适用于水调面坯，同时也适用于嫩酵面，因此，抻除了可做出圆、空心、韭菜扁、宽带子、三棱等各式面条外，还可做清油饼、一窝丝、龙须面、闻喜饼，以及用嫩酵面制作银丝卷、盘丝饼、鸡丝卷等多种多样的特色品种。抻又分为双手对称的抻拉和单手抻拉两种方法。

双手抻是指面坯成型时双手同时抻拉面剂（面条），使面剂（面条）两端同时延伸延长。双手抻要保持两手用力一致，抻拉速度一致，运行轨迹对称，使面坯内的面筋有规律地、均匀地向两端同时纵向延伸。

单手抻是指面坯成型时单手抻拉面剂（面条），使面剂（面条）沿一个方向延伸延长。单手抻时双手做不对称运动，因此不仅要注意双手的配合，还要控制抻面的速度与力度。

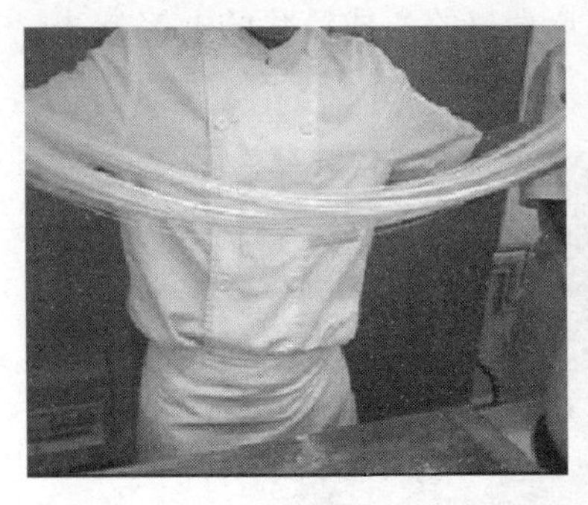

图 2—26　抻

（2）切（见图 2—27）。切是用刀将面坯分割成规定形状的成型工艺。切常与擀、卷、叠、压、揉、搓等成型手法连用，如面条、馒头、花卷、油条、排叉等。切也常用于面点成熟后的改刀成型，如蛋糕、发糕、凉点（糕、冻）等。

面点制作过程中采用切的方法成型，要注意以下几点：第一，要选择锋利的刀具，以保证刀口利落；第二，切时下刀间距要均匀，保证成型规格一致；第三，根据刀具大小及成型特征，灵活运用刀法；第四，切剂子时一般从左向右切割。

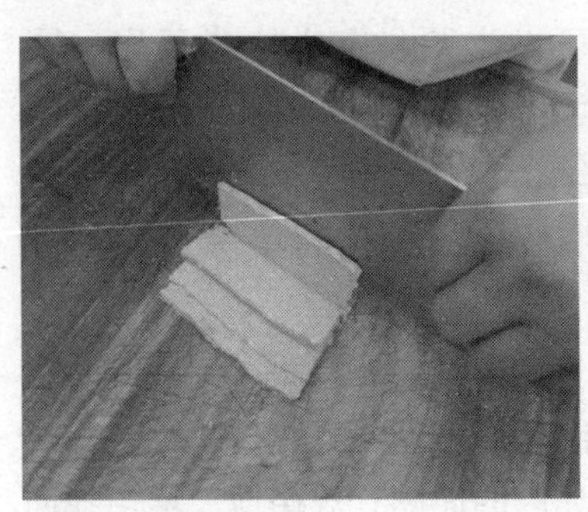
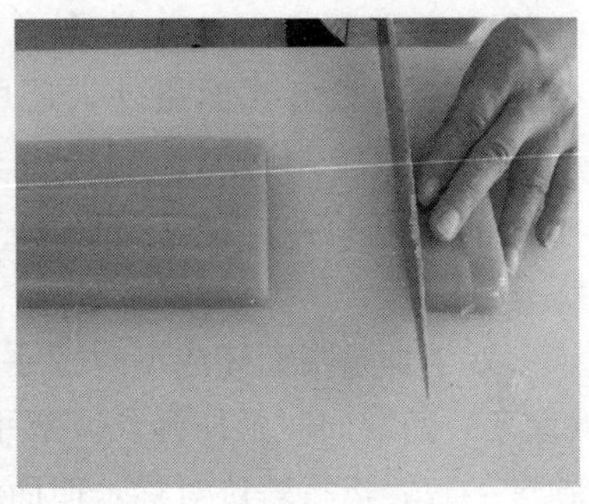

图 2—27　切

(3) 削（见图 2—28）。削是用特制的弯刃钢片刀在整好形的面坯上直接削出两头尖、中间宽，呈三棱形面条的工艺。刀削面是我国北方四大面食之一。削面的注意事项是：第一，面坯吃水较少，500 g 面粉用水 150～175 g，面坯要多揉多饧，饧透揉透；第二，削面下刀时要掌握好下刀的位置和刀与面的角度，第一刀应在面坯的中上部偏一侧开刀，第二刀要在第一刀的刀口处、棱线前削出，同时托面的手要相应转动，随机配合；第三，刀与面的夹角不能大于 45°，以防面条厚薄不均；第四，每一次回刀要擦着面坯返回，以免偏离轨迹。

(4) 拨（见图 2—29）。特指山西的刀拨面工艺。双手握住特制的双把刀，将叠摞的面片切拨成长短一致、粗细均匀的面条。拨的工艺要点是：第一，面坯要和硬，为使面坯劲足，可适当加盐，和面要分次加水，揉匀饧透；第二，面坯擀制要薄厚均匀，宜擀成长条片，以便于叠摞；第三，面片叠摞的长度依拨面刀的大小而定，面片之间要扑撒淀粉，以免切拨出的面条粘连；第四，切拨时要掌握好下刀的角度、节奏，做到准确、利落，切出的面条粗细、长短、形状一致。

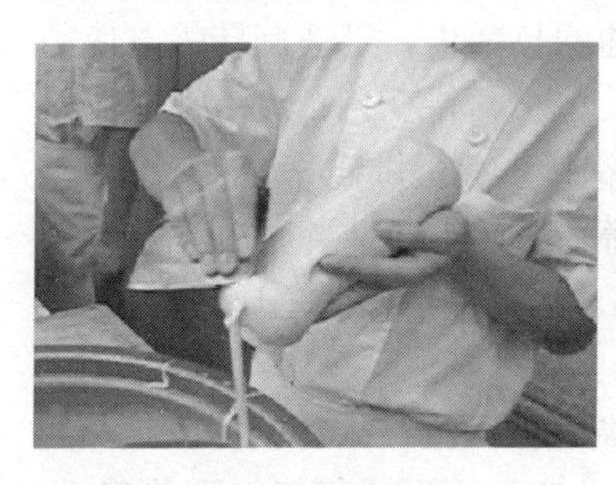

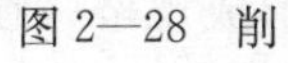

图 2—28　削

图 2—29　拨

(5) 剔（见图 2—30）。剔是用竹批或筷子借助深盘（或大碗）边沿，将稀软浆状面坯分割成两头尖、中间鼓的面鱼儿的工艺。此成型方法山西称为转盘剔尖，因剔出的面条 10 cm 长，中间圆、两头尖，落入锅中漂在水面形似一条条游动的小鱼，故北京叫剔鱼面。剔的工艺要点是：第一，面坯要和软，其吃水量接近于削面的两倍，多用调搅法边加水边高速搅动，使面粉最大限度地吸水，充分形成面筋；第二，和面的水温随季节调整，冬季一般也不超过40℃，调好的面坯需饧一段时间；第三，下锅时将面放在深圆盘内，对准煮锅倾斜，用三棱形竹批或筷子紧贴面坯表面，顺盘沿向外分割快流出的面浆；第四，剔面时筷子要经常蘸水，以免面粘筷子剔不爽利。

图 2—30　剔

(6) 摊。摊是将稀软面糊倒在烧热的饼铛（或磬）上，利用面糊的自然流散性能将其煎烙成薄饼的工艺。如西葫芦塌子、荞面粑粑、香甜玉米饼等民间面食。摊的方法可分为旋摊、刮摊、流摊和抓摊四种。

1）旋摊。将糊浆倒入擦过油的热锅内，迅速旋转锅，使糊浆流动形成薄厚均匀的圆形薄饼（皮），待变色、边沿翘起成熟后取出。如鸡蛋饼、葫芦丝饼、锅饼皮、蛋烘糕等。

2）刮摊（见图 2—31）。将调好的糊浆倒入擦过油并烧热的平锅内，迅速用刮板刮薄、刮圆、刮平整，待变色成熟后揭起。如各种煎饼、三鲜豆皮等。

3）流摊（见图 2—32）。将调好的面糊舀入特制的多头凸起的鏊子上，使面糊受热的同时自动流下而形成规格一致的煎饼。如米面摊黄、烙糕子等。

4）抓摊。特指春卷皮的手工制作。将稀软有筋力的面坯抓在手中，在烧热的饼铛上划抹一圈，使面坯在铛面上粘一层薄皮，待边缘翘起时，揭下即可。

图 2—31　刮摊

图 2—32　流摊

（7）擀（见图 2—33）。擀是用面杖工具将面坯擀成成品所需形状。定型之擀通常是指家常饼、脂油饼、三杖饼、薄饼等，以及带馅的肉饼、各种酥皮饼类等。成型之擀技术要求较高，不仅要擀得大小一致、薄厚均匀，还要符合制品的成型要求，圆要擀周正，方要有棱有角。带馅的品种在擀时不仅不能露馅，而且不能擀偏，要求饼的上下及周边各部位的皮薄厚一致，馅心分布均匀。这就需要在擀饼时手腕灵活并有分寸感，用力要适当，上下左右推拉一致。

图 2—33　擀

（8）叠（见图 2—34）。叠是在面片的上面再加上一层，使面片层层重叠成为一摞的成型工艺。叠常与擀相结合，主要用于酵面制品和酥皮制品的成型或起层。在操作中，无论是小剂的成型叠还是大块的起层叠，都需掌握以下要领：第一，擀片时要薄厚一致、光滑平整，并要根据制品的要求掌握好大小尺寸；第二，抹油要掌握用量，不可过多也不可不足，而且要抹匀；第三，折叠时要注意边线对齐。

图 2—34 叠

酵面制品在制作中采用叠的方法有两种类型，一种是用叠的方法制成小型的花卷类，如荷叶卷、猪蹄卷等；另一种是用较大块的面经擀叠加工成较大的饼或糕，成熟后再改刀成规格的块形，如千层饼、千层糕等。

酥皮制品中有相当一部分在开酥起层时用叠的方法，如兰花酥、风车酥、梅花酥等，且多采用大包酥，在制作时用走槌推擀，用力均匀推擀平整，使酥面分布均匀，经几次折叠后，制成的酥层清晰利落，张张分明挺括。

(9) 按（见图 2—35）。按是用手指或手掌跟压面的成型工艺，也可称为压。除了用于制皮外（如性质较软的水调面、发酵面、酥皮面

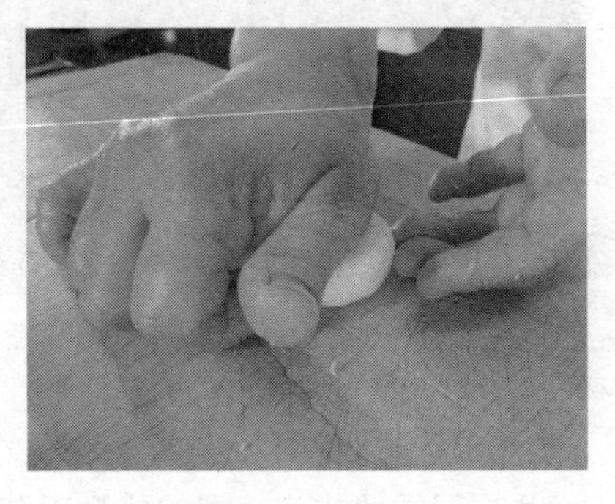

图 2—35 按

中带馅面点的制皮等)，在包馅面点的成型中也常用到。从按的手法看可分为两种：一种是手指揿，即手的四指并拢，在操作中均匀用力，边揿边转。一是要将饼按圆，二是要大小薄厚一致，三是要将馅心摊匀，所以只适用于软皮软馅的品种，如馅饼、盒子等。用这种手法成型，不仅速度快，而且不易露馅。另一种是掌根按，适用于形体小巧、馅心较硬实、皮料有塑性的面点，如酥皮类、浆皮类的点心。

(10) 搓（见图 2—36 和图 2—37)。搓是两个手掌（手指）反复摩擦，或把面放在案子上用手来回揉擦的成型工艺。搓常用于下剂前的搓条，还可用于麻花的搓型，莜面鱼鱼、莜面窝窝、莜面疙团的成型。无论是大条还是小股面，搓都要做到粗细一致、条形均匀。

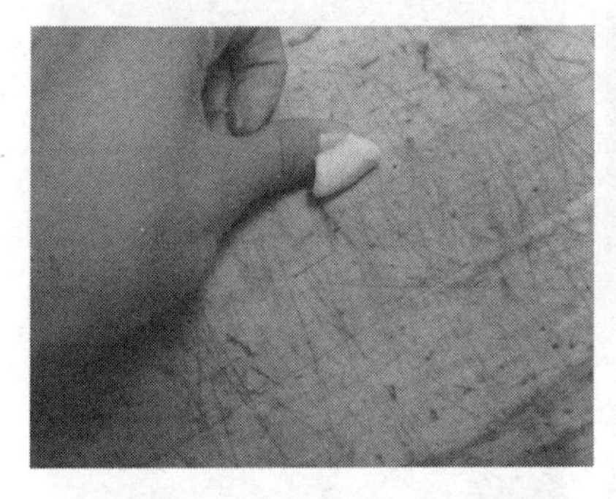

图 2—36　搓型——猫耳朵

图 2—37　搓条——莜麦面条

(11) 卷。卷是将面片（皮）弯转裹成圆筒形的成型工艺。卷一般是在擀的基础上进行，并常与切连用，是一种常用的比较简单的成型方法。卷常用于各式花卷、蛋糕、酥点以及夏季的凉点等的成型。卷从方法上看可分为单卷和双卷两种方法。

1) 单卷法（见图 2—38)。将擀开的面片经刷油或铺馅后，由上至下卷裹成单条，再切剂成型。如常见的花卷类。

2) 双卷法（见图 2—39)。又分双对卷和双反卷。双对卷是将擀开的面片经刷油或铺馅后，从上下两边同时对称卷裹至中心，两条粗细一致，翻身切段成型。如虎头卷、枕形卷、刀切等。双反卷适合于制作变色馅心的面点。例如，如意酥在擀开的层酥面片的一半铺上一层淡绿色的蜜瓜馅卷至面皮中心，将剩下的一半面片翻过来，铺上一层粉红色的草莓馅再卷至中心，然后切片成型。

卷的成型方法在操作时要注意以下几点：第一，无论是单卷法还是双卷法，面片要擀得薄厚一致、边角整齐；第二，条要卷紧，粗细一致，尤其是双卷法，条切不可一粗一细；第三，刷油要刷匀适度，不可过多，铺馅不可过厚，且边沿要留有余地。

图 2—38 单卷法

图 2—39 双卷法

(12) 包。包是用面皮将馅心裹起来的成型工艺。面点制作中包的方法多种多样，其操作要领各不相同。

1) 大包法（见图 2—40）。在皮中央上馅后，将周边的皮向上收拢，剂口收在中间，然后打掉剂头，收口处要求无褶无缝，所以也叫无缝包。如馅饼、汤团、豆沙包等。

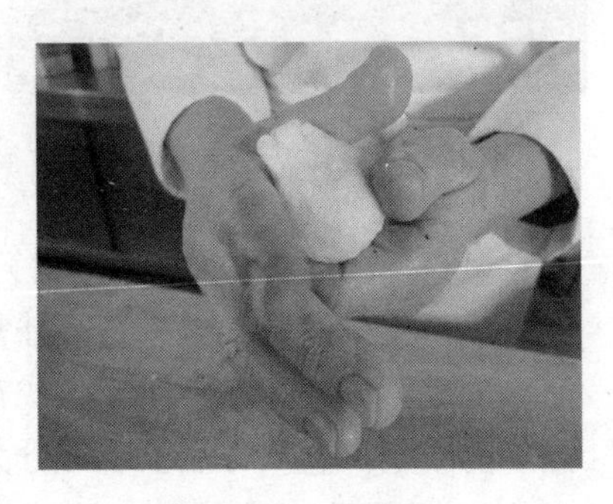

图 2—40 大包法

2) 拢包法（见图 2—41）。专门用于烧卖的一种成型法。由于烧卖皮的成型及其质地不同于其他面皮，所以包法也较特殊，即不封口、要露馅，皮收拢后靠馅的黏性粘住，褶皱均匀，顶端平整。

3）裹包法（见图 2—42）。用于春卷、银丝卷、粽子等制品的成型，但具体的包法又有不同。前两者类似于包包袱，将皮平铺在案上，将馅放在皮的中间或中下部，把下半部的皮撩起到馅上，再把两侧的皮提起叠压在馅上，最后翻卷馅心将上半部的皮压在下面。只是由于成熟方法的不同，春卷在收口时要在皮边沿抹面糊粘住，而银丝卷不用。粽子的包法是将够宽度的粽叶折合成锥形筒，装入适量的糯米后，将上部粽叶折回封口，再用绳捆扎好。

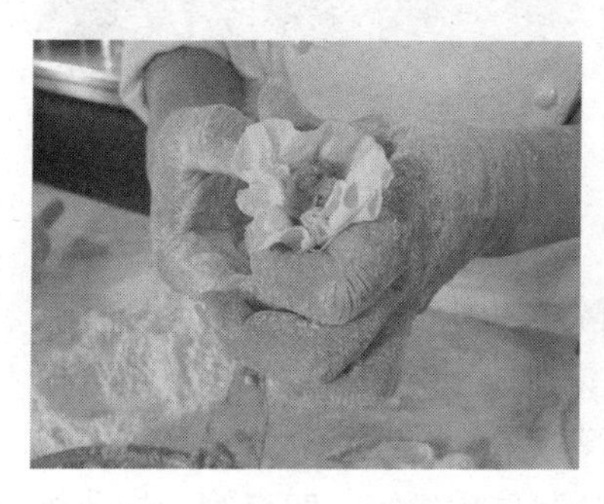

图 2—41　拢包法

图 2—42　裹包法

（13）捏。捏是用手指将面皮（面坯）弄成一定形状的成型工艺。在面点成型中，捏是最复杂、手法最多、技艺性最强，也是形成花色最多的一种手法。捏制成型的面点大都带馅，因此多属在包的基础上进行，如花色蒸饺、象形船点等。捏的方法有挤捏、提摺捏、推捏、叠捏、折捏、卷捏等。

1）挤捏（见图 2—43）。多用于水饺的成型。挤捏出的水饺生坯要求肚大、边窄、形似木鱼，故而又叫木鱼饺，又因边平整窄小，又叫平边饺。

2）提褶捏。多用于咸馅包子类，如狗不理包子、小笼包、三丁包、灌汤包、素菜包等，都是用提褶捏的方法成型，制品成型后，顶部有 18 个以上的均匀褶纹。

3）推捏（见图 2—44）。分单推捏和双推捏，是花色蒸饺常用的成型手法。单推捏是一手的拇指和食指相互配合，即拇指向前推、食指向后搓形成单面褶纹，如白菜饺。双推捏则是拇指和食指交替向前推而形成双面褶纹，如冠顶饺。

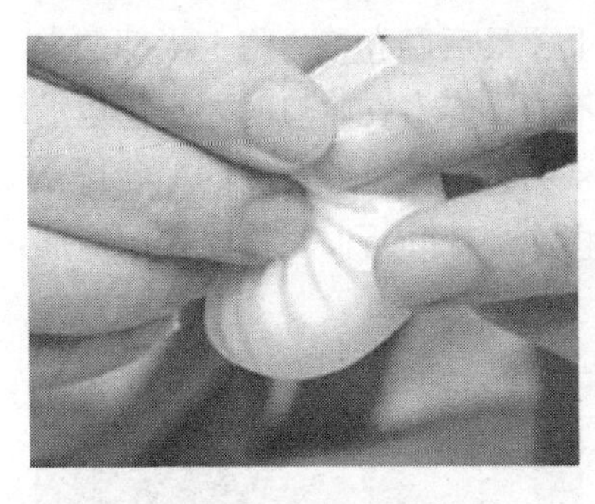

图 2—43　挤捏

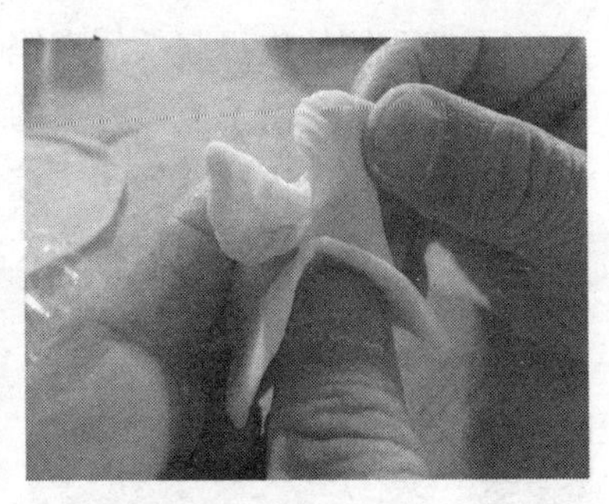

图 2—44　推捏

4）叠捏（见图 2—45）。将擀好的圆皮按照制品的形态特点叠回一条、两条或三条弧边再包馅，成型时多与双推捏法结合捏制。如金鱼饺、知了饺、冠顶饺等。

5）折捏（见图 2—46）。它是制作鸳鸯饺、四喜饺、梅花饺等的常用捏法。将圆皮上馅后托起周边皮，依据不同制品的成型特点，使其中间固定并形成两个、三个、四个或五个孔洞，再将其相邻的边一对一对折合并捏住，最后形成不同个数的大孔内包围着相应个数的小孔，然后用不同色泽的馅料镶装在孔洞内，使其形色美观。

6）卷捏。多用于酥点中个别明酥制品的成型。如酥盒、酥饺等上馅后，将两张皮捏合后还需在其边沿用卷捏的方法捏出绳索花边，即拇指向上翻卷面皮的同时食指向前稍移动并捏住，如此拇指食指相互配合卷捏，成型后既美观，而且锁紧的花边在熟制时又能防止开口露馅。

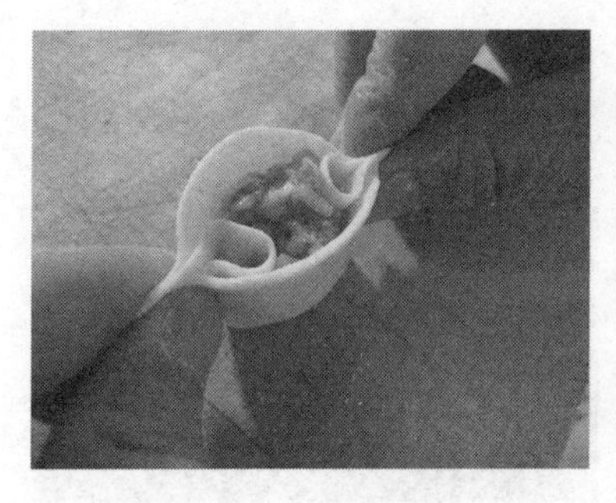

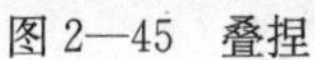

图 2—45　叠捏

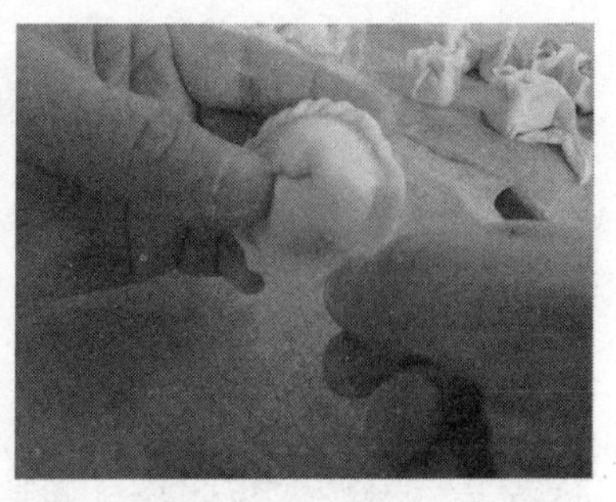

图 2—46　折捏

7）花捏。它是捏法中最复杂、工艺性最强，也是较难掌握的一种成型法，多用于造型船点、面塑等的捏制，因多属于人物、动物、植物的立体造型，所以在成型时常同时使用多种捏法或利用工具配合成型。

2. 器具成型

（1）模具成型法（见图 2—47）。模具成型法是以不同规格、不同形态、不同花式的模具为面点定型的工艺方法。模具成型法简单方便，可使制品规格形态一致，保证质量。模具成型的注意事项是：第一，模具保持清洁。模具在使用前和使用后必须清理内部残渣，每一个花瓣、纹路都需清洁干净，否则磕出的成品表面纹路模糊，且容易与模具粘连，不利成型。第二，原料填装适当。面剂的分量要与模具的内腔基本一致，要考虑面坯受热膨胀的特点。如蛋糕糊面坯、松酥面面坯、酵母发酵面坯，其受热膨胀的程度不同，因而在填装原料时要适度掌握，留有余地。

（2）钳花成型法（见图 2—48）。钳花成型法是以花镊子为工具钳出花样纹路的造型工艺方法。钳花既可以在面皮上进行，也可以在面坯上进行。钳花成型法适用于水调面坯、膨松面坯、米粉面坯和层酥面坯。钳花成型的注意事项是：第一，凡带馅品种馅心不宜过大，不可包偏，防止钳花时露馅。第二，任何制品钳花的间距、深浅、力度应基本一致。第三，水调面坯、米粉面

图 2—47 模具成型

坯由于成熟后面坯造型基本无变化，所以钳花的深度与力度应合适；而膨松面坯成熟后容易走形，所以采用钳花成型的膨松面坯不可太软，且必须增加钳花时的深度和力度，才能保证膨松后的制品花纹清晰、立体感强。第四，层酥面坯钳花最好选用叠酥的开酥方法，且制品表面如需刷蛋液，蛋液切不可糊住钳口。

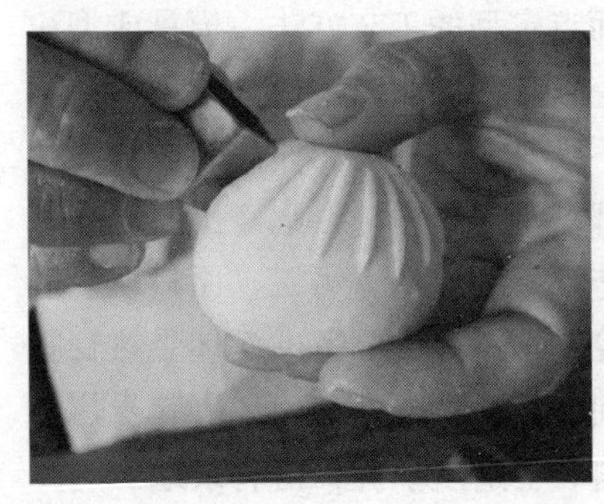

图 2—48 钳花成型

（3）挤注成型法（见图 2—49）。挤注成型法是借助花嘴和布袋（油纸筒）将糊状或糕体原料挤压成型的工艺方法。挤注工艺的注意事项是：第一，坯料既不能稀澥，也不能有过强的筋、韧性，应有良好的可塑性；第二，应根据制品形态的不同，适时更换花嘴；第三，具备深厚的双肘悬空操作功底和熟练自如的挤、拉、带、收等操作技法。

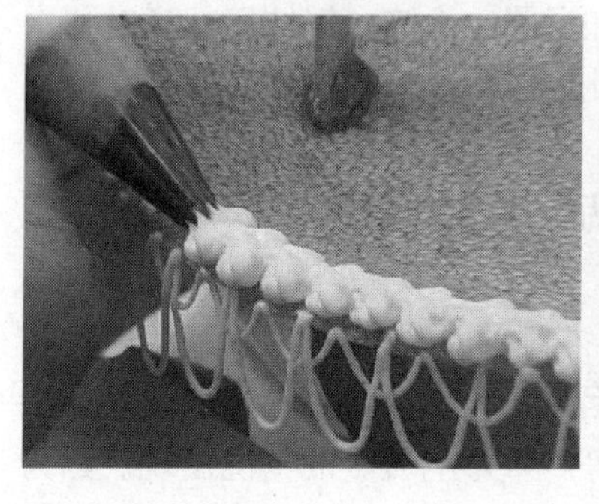

图 2—49　挤注成型

九、熟制

熟制是将已经成型的面点生坯，运用各种加热方法使其成为符合成品质量要求的可食用制品的工艺过程。面点的熟制方法很多，通常将其分为单加热法和复加热法两种。

单加热法是指面点生坯变成熟食品只由一种加热方法来完成的熟制工艺。常见的方法有蒸、炸、煎、煮、烤、烙等。复加热法是指面点生坯或半成品变成熟食品要由两种或两种以上单加热方法完成的熟制工艺。大致可以分为两类：一是面点生坯先经蒸、煮或烙成半成品后，再经烤、煎、炸制法制成面食成品；二是面点生坯先经蒸、煮或烙成半成品后，再加调配料烹制成面食成品。

1. 煮制法

煮制法是将面点生坯或半成品投入到一定量的水锅中烧制的成熟方法。煮制法以水作为传热介质，适用于水调面坯、米及米粉面坯、杂粮面坯及各种羹类的甜食品等。如面条、水饺、馄饨、片儿汤、粥、米饭、粽子及莲子羹、百合羹、杏仁鲜奶露等。煮制法熟制的成品具有质地爽滑，保持原料原汁、原味、原色的特点。

(1) 下锅技术要点

1) 准确掌握用水量。适用于煮制法的面点品种通常分为两类：一类是制成型的半成品，如汤圆、水饺、馄饨等。煮时加水量要充足，水量是制品生坯的几倍或十几倍，这样使制品在水锅中有充分的活动余地受热均匀，不粘连、不浑汤，使成品清爽利落。第二类是粥、饭及甜羹制品，水量要放准，不能多也不能少，以保证成品的质量标准。

2) 确定生坯入锅的水温。煮制面点生坯半成品、米粥及甜羹等多数品种，都需要沸水下锅，尤其是面点生坯半成品必须沸水下锅，才能避免粘连、浑汤等严重影响质量的情况出现。因为蛋白质变性、淀粉糊化必须具备65℃以上的温度条件，所以只有水宽水沸才能保证生坯入锅后的水温不低于65℃。做米饭则要求冷水下锅，加热烧开，使米粒先在冷水中涨发一段时间，使成品更香糯可口。

3) 下锅时要随下随搅。面点生坯及各种原料刚入锅后温度下降很快，成分中的淀粉低温下不能充分糊化，蛋白质也不能充分变性，此时黏性很大，容易粘锅和相互粘连，不经处理很容易破裂，因而需要边下锅边慢慢向一个方向用勺背搅动，使锅中水转动起来，以避免粘锅和相互粘连的情况发生，保证成品的形态不受破坏。

(2) 煮制技术要点

1) 适当调节火力。一般成型的面点生胚或半成品需要火旺、水沸，水面要保持在翻滚状态进行煮制，但不能大翻大滚，否则皮子容易破裂。在煮制此类面点制品尤其是带馅制品时，要求加盖煮制，因为加盖后气压上升，热量更容易渗透进入制品生坯内部。

如果在煮制过程中火力不易控制（如很多地方还在使用煤加热、柴加热等）而造成水大翻大滚，可以采取“点水”的方法来控制其沸腾状态，即在沸腾的水中倒入一勺到两勺的冷水使其停止沸腾一段时间，以免冲破皮坯外表皮，同时稍微延长加热时间，使馅心能慢慢成熟。点水次数应以不同的品种而定，通常一锅点三次水即可。

2）煮制过程防止粘锅。因制品刚入锅时容易沉底、粘锅，半生半熟时生坯表面一部分漂出水面而使加热不均匀，所以在煮制过程中要经常性搅动，以防止粘锅和保证受热均匀。

3）掌握好煮制时间。煮制时必须掌握好时间，既不能使制品不熟，又不能煮过火。不同的制品其加热的时间不同。如馄饨因皮薄馅少，煮沸开锅即熟（见图 2—50）；煮粽子的时间则比较长，因其皮厚实，原料为糯米，故成熟慢，通常需要 2～3 h 以上，还需要一定的焖制时间。

图 2—50　煮馄饨

4）在连续煮制时，要不断地补充或更换锅中的汤水。

（3）成熟起锅要点

1）制品成熟后要尽快起锅食用，在水中浸泡时间过长会造成风味下降、质量欠佳。

2）成熟制品易破裂，捞时先要轻轻地搅动使制品浮起后再捞。

2. 蒸制法

蒸制法是将成型的面点生坯放入蒸具（蒸屉、蒸箱等）中，采用不同的火力加热使面点生坯成熟的工艺方法。蒸制法适用范围广泛，除油酥面坯和矾碱盐面坯外，其他各类面坯都可采用，特别适用于发酵面坯和米粉面坯及米类糕品。如馒头、包子、米团、糕类、蒸饺、蛋糕等。蒸制法成熟的成品具有质地柔软、易于消化，形体完整、原色、馅心鲜嫩的特点。

（1）蒸具加水烧水技术要点

1）蒸具中的水量要适宜。若使用蒸锅，加水量的标准是以淹过笼足 5～7 cm 为好。水量过多，水沸腾后冲击笼底，易使处于笼底部的制品浸水僵死；水量过少，一是容易干锅，二是产生的水蒸气容易从笼底流失，使笼中没有足够的水蒸气给制品生坯传热，导致制品夹生、粘牙等。若使用蒸箱，水量以六至八成满为好，过多过少都不好。同时如果加水量过多，产气量相对不足，压力和温度都不够，会导致制品成熟慢或僵死。

2）水要加热至沸腾。因为大多数的品种要求蒸汽上冒且大量产生时才能将制品生坯放入蒸具中，所以不能用冷水或温水进行蒸制。特别是加好碱的酵面，在冷水或温水条件下，会慢慢跑碱而出现制品产生酸味的现象。

（2）生坯摆屉技术要点

1）选择合理的入屉方式。生坯在入屉时有两种方式：一种是在锅外入笼，另一种是在锅中入笼。锅外入笼是在笼屉或蒸格尚未置于沸水锅中时，将生坯摆入蒸笼或蒸格中的方法。这种方法适用于成型后不怕挪动蒸笼或蒸格的面点生坯。多数制品都采用这种入屉方式，如包子、花卷等。锅内入笼是先将笼屉或蒸格放入沸水锅中，再将面点生坯摆入其中。这种方法主要适用于成型后或入笼后不宜再挪动的面点生坯，如糊状、粉块状料团。“凉蛋糕”“年糕”等制品在蒸制前，在蒸格上衬上白布，放入沸水锅中，再将调好的糊状料直接倒入笼中，稍抹平后，撒上需要的调料，再旺火蒸熟。

2）防止生坯粘笼。面点生坯在蒸制过程中，由于其发稀发黏，易造成成熟后制品黏附在蒸笼或蒸格上，从而损伤成品外观，或成熟后粘连在蒸具上不易取下来。预防的方法有两种：一种是在蒸具中加放垫具；另一种是在蒸屉上刷油，利用油脂的隔离性质防止加热和成熟过程中产生粘连情况。

3）生坯间距合理。生坯码在蒸具中不能过密或过疏。

4）避免不同制品混为一屉。不同品类的面点制品不能混为一屉，尤其是不能混为一格蒸制。因为不同制品配料不同，胀发程度不一样，在摆屉时难以合理调节间距。不同配料的制品，其滋味、气味均有一定的差异，在加热熟制过程中由于对流的原因会产生“串味”现象，而且不同面点生坯其成熟时间不一样、火候要求不同，若混蒸极易造成某种制品达不到其应有的质量标准。

（3）蒸制技术要点

1）准确掌握生坯蒸制时机。多数情况下，面点生坯成型摆屉后即可入笼蒸制，但对酵面制品则须在成型后静置一段时间，主要是使在成型过程中由于揉搓而紧张的生坯松弛一下和继续胀发一段时间，以利于成熟后达到最佳的胀发效果，一般控制在10～30 min，静置时机成熟后则可入蒸具中蒸制。

2）灵活掌握蒸制的火力与气量。一般情况下，多数制品蒸制时要求火旺气足，以保证蒸具中有足够的蒸汽压、温度和湿度，使制品快速成熟、膨胀，这是蒸制用火的一般规律。

有一些制品则不遵循这个一般规律，有自己独特的用火方式。比如在蒸制“凉蛋糕”时，先用中小火烧开并将笼盖开一缝隙，蒸3～5 min后，再将笼盖放下密封用大火蒸制成熟。其主要目的在于防止因笼内温度过高、蛋糊胀发过快而造成制品表面起泡和有麻点的现象，同时也避免初始温度过高，蛋白质变性过早，影响胀发效果。

3）蒸具密闭性能要好，严防漏气。主要的目的是减少热能的损失，保证笼内有足够的蒸汽压和湿度，以使制品快速成熟和保证制品成熟后的质量。

4）掌握好成熟时间。蒸制时间不足，制品不熟；蒸制时间过久，制品会产生发黄、发黑、变实、坍塌而失去应有的色、香、味、形。

5）保持锅中水质的洁净。蒸锅中和蒸具中的水在蒸制过程中会发生水质变化。如多次蒸制发酵类制品的水，水中含有较多的碱性物质，易使下一批蒸制的制品碱量大；又如蒸制含油较重的制品，水锅中会积聚大量的油质，极易污染下一批制品的色泽和滋味。所以，蒸锅要经常换水。

(4) 制品成熟下屉技术要点

1) 准确判断成熟程度。判断成熟的方法首先是要大概掌握每一种面点制品的成熟时间，其次要掌握如何判断面点制品是否成熟的方法。

制品的成熟程度通常采用两种方法鉴别：一种是用一竹签插入到制品坯体中抽出检查，如竹签上粘有糊浆物，即未熟。另一种是用于发酵面坯，即用手按一按蒸制品，手摸无黏滑感，手放下后下陷部分能重新弹起即熟；若手按发黏，下陷部分不再弹起，无应有的熟香味，膨胀不明显，即未熟。

2) 掌握制品下屉时机。制品蒸熟后需放在常温下静置10～30 min，让其表面蒸汽挥发形成干硬性的外壳后再将其取出蒸笼或蒸格，刚出锅即取容易粘手脱皮影响其外观。图2—51所示为蒸叉烧包下屉。

3. 炸制法

炸制法是将面点生坯投入热油中，通过加热使面点生坯成熟的熟制方法。炸制法适用范围很广，一般适用于油酥面坯、化学膨松面坯、米粉面坯、热水面坯等，如油酥面点、油条、麻花、炸糕、凤尾酥、波丝油糕、薄脆、葱油饼、开口笑（见图2—52）等。一般不适用于发酵面坯、物理膨松面坯和冷水面坯等。

图2—51 蒸叉烧包下屉

图2—52 炸开口笑

（1）锅中放油烧热要点

1）炸油应为生坯的数倍。为保证制品的形态和油温的恒定，炸制法要求在多油量的锅中炸制，使生坯有充分的活动空间，炸制用油量必须是生坯的几倍至十几倍。所以炸制工艺要根据生坯的数量和炸锅的大小添入适量的油。

2）选择适合的炸制温度。炸制成熟的面点品种很多，由于其风格质量要求不同，对油温的高低要求也不同，在炸制前，必须根据制品的质量要求把油温加热至合适的温度。比如炸油酥制品，油温一般在90℃左右，蛋和面坯制品，油温一般在120～150℃之间，油条炸制则需要200℃左右的高温等，需要灵活掌握。

（2）生坯下锅炸制要点

1）控制好油温和火力。油的温域宽、变化快，在炸制过程中要控制好温度。油温不可过低或过高，过低则制品变形、疲软，易渗入大量的油脂而造成“吃油”现象，也达不到制品所需要的质量要求；温度升得高，又容易使制品炸焦、炸煳或外焦里生以至于不能食用。所以，对油温的控制是炸制法的重要技术关键。控制方法主要是控制好火力，一般火力不可太旺。

2）掌握好炸制时间。炸制时间是指制品生坯在一定油温下达到质量标准所需的时间。每一种制品的炸制时间都不一样，同一制品的炸制时间又受到制品形体大小的影响，所以制品的炸制时间是一个变化很大的因素，必须在实践中不断地摸索。

3）时刻注意保持油锅的清洁。杂质多的油脂易使油脂老化，减少油锅的使用寿命，产生有毒物质，而焦化物会污染制品，所以在炸制过程中必须、及时清除落在锅中的炸制制品残留物。

4）成熟起锅要沥干油分。

4. 煎制法

煎制法是把成型的面点生坯或半成品放入少量油的平锅中（或煎锅中）采用一定的火力加热使面点生坯或半成品成熟的熟制方法。煎制法多使用平底锅，用油量视品种而定，一般只在锅底抹薄薄一层，有少数品种用油量稍多，也不能超过制品厚度的一半。

（1）煎制法的种类。煎的成熟方法有油煎法和水油煎法两种。

1）油煎法。平锅上火烧热，放油，使油均匀布满锅底，再把制品生坯摆上，先煎一面，煎好后再煎另一面，煎至两面呈金黄色、内外四周都成熟为止。在整个煎制过程中不盖盖。这种煎法使制品生坯既受油脂传热，也受锅底金属传热，所以温度升高更快，掌握好火候很重要，油脂一般控制在 180～200℃之间，煎制时间一般在 10 min 左右，煎制过程中要经常转动锅位或移动锅中制品生坯，以免焦煳，受热不均匀。

2）水油煎法。将平锅上火，先抹一层油，使油均匀布满锅底，把生坯摆上，稍煎一会儿，洒上少许清水，盖盖焖制，每洒一次水盖紧盖，使水变成蒸汽传热给生坯将其焖熟。水油煎法，由油脂、锅底和蒸汽三种传热方式成熟，成熟后制品底部焦黄酥脆，上部柔软色白、油亮鲜明。如煎水煎包（见图 2—53）。在煎制过程中，洒水后要立即盖盖，以防蒸汽散失，达不到蒸焖的目的，并要常常移动锅位或锅中制品生坯，以免焦煳，受热不均匀。

图 2—53　煎水煎包

（2）煎制法的技术要点

1）控制火候与油温。煎法是用少量油成熟的方法，油温升高很快，所以煎制时一般以中火为宜，油温保持在180～200℃左右。温度太高，容易使制品煎焦，影响口味；温度过低，煎制时间长，不易成熟。

2）注意生坯摆放顺序。因煎锅中间温度一般较高，所以摆放生坯时要从煎锅四周向中间摆入，目的在于使制品受热均匀。

3）频繁移动锅位。煎制过程中，要经常地移动锅位或锅中制品，使面点的各部分受热一致。

5. 烙制法

烙制法是将成型的面点生坯或半成品摆放在平底锅中，采用刷油、加水或直接以锅底传热使面点生坯或半成品受热成熟的熟制方法。烙制成熟的制品具有皮面香脆，内柔软，外形呈类似虎皮的黄褐色或金黄色的特点。烙制法适用于水调面坯、发酵面坯、米粉面坯等，特别适用于各种饼的熟制，如大饼、烙饼、家常饼等。

（1）烙制法的种类

1）干烙。干烙是将制品生坯直接放在烧热的平底锅上，既不刷油也不洒水而直接烙制的方法。具体方法为：平锅放火上，烧热后放上面点制品生坯，先烙一面，再烙另一面，至两面都成熟为止。烙制时根据品种不同，火候要求也不同。如薄薄的饼类（如春饼、薄饼），火要旺，烙制要快；中厚饼类（如大饼、烧饼等），要求火力适中；较厚的饼类（如发面饼等）或包馅、加糖面点制品，要求火力稍小。烙制工艺结束后要把平锅擦净。

2）刷油烙。刷油烙是在干烙的基础上再刷点油，其制作方法、要点均与干烙大同小异。在烙制时有两种刷油方法，一种是在锅底刷少许油，每翻动一次刷一次；另一种是在制品生坯表面刷少许油，也是每翻动一次刷一次。在刷油过程中，要做到刷匀，并要使用清洁的熟油。刷油烙制品一般色泽美观呈金黄色，皮面香脆，内部柔软有弹性。如烙柿子饼（见图2—54）。

3）加水烙。加水烙是在干烙的基础上，在锅中洒少许清水，水遇热变成蒸汽焖熟生坯的方法。加水烙在洒水前的做法与干烙完全一样，但只烙一面，烙成焦黄色后，再洒少许清水，盖上盖，蒸焖至熟出锅。加水烙制品底部香脆，上面和皮边缘柔软，别具特色。加水烙洒水的要点是：第一，洒水要洒在最热的地方，使之尽快变成水蒸气；第二，可多次洒水，一直到成熟为止；第三，每次洒水要少，以防多量的水将制品底部“泡煳”。

图 2—54　烙柿子饼

（2）烙制法技术要点

1）烙锅必须刷洗干净。烙制品基本都是通过锅底部进行传热而使制品成熟，与锅底接触面积很大，锅的洁净与否，对成品质量影响很大。操作前必须把锅底锅边的杂质、黑垢铲除洗净，以防在烙制时造成制品污染。

2）注意控制好火候。烙制法由于制品与锅底面直接接触，所以温度比油还要高，稍有疏忽，很可能使制品“过火”而出现皮面焦煳现象。所以操作时注意力要集中，根据制品的不同，控制好火候。

3）勤移动锅位和翻动制品，使面点的各个部分受热均匀。

6. 烤制法

烤制法是将成型的面点生坯放入烤炉中，利用烤炉的不同温度使面点生坯成熟的熟制方法，也称为烘烤或焙烤。烤制法适用于各种面坯制作的面点。烤制品具有色泽鲜明、形态美观、含水量少、耐储存的特点。烤制品多为含糖含油量较多的糕点制品。

（1）掌握烤炉火力的调节。烤制法中火力的种类有三种（见表2—3）。

表2—3　烤制法中火力的种类

火力	炉温（℃）	特征
微火	110～170	微火温度较低，不会使制品表面产生颜色的变化，所以微火烤制出的品种一般为白色或保持制品原色
中火	170～190	中火温度较高，加热后会使制品表面着色，形成金黄色或黄褐色
旺火	＞190	炉温很高，对制品颜色影响较强烈，使制品表面形成枣红色或红褐色色泽

对于炉中火力的调节主要通过烤炉的上下火（也称为底、面火）控制开关进行。

（2）控制烘烤炉温。烤制品大多数品种外表受热温度以150～200℃之间为宜，要求炉温保持在180～250℃，过高或过低，都会影响制品质量。

炉温过高，制品外表容易焦化变煳，而内部不成熟；炉温过低，则不能形成面点制品所要求的色泽，同时烤制时间也势必延长，生坯会由于失水过多而出现干裂，内部失去松软的特色。所以烘烤时，要确切地了解各种制品的烘烤温度以保证烘烤制品的质量（见表2—4）。

表2—4　烘烤各种制品的参考温度

面点种类	烘烤温度（℃）
酥饼类	160～180
蛋糕类	180～200
酥皮类	200～220
烧饼类	240～260

另外，各类面点制品烘烤时对底面火的要求也不一样。一般需膨胀、松发的产品要求底火大于面火，使胀发充分，避免表面

过早结壳定型；而印有印纹的制品则要求底火小于面火，以免由于松发过大而使印纹变形。所以，在炉温调节的同时，还要充分注意到底、面火的调节。

（3）调节炉内烘烤湿度。烘烤湿度是指烘烤中炉内湿空气和制品本身蒸发的水分在炉中形成的湿空气的湿润程度。

烘烤湿度直接影响着制品的外观质量。湿度大，制品着色均匀，不易改变形态；湿度小，制品上色不匀，易改变形态，且制品易发干变硬，饼面干裂，无光泽等。一般要求炉内相对湿度达到 65%～70%为宜。

烘烤湿度的调节有三种方法：第一，可在烤炉中放一盆水调节，在烘烤中水蒸发而达到增强炉内湿度的目的；第二，不经常开启烤炉门，烤炉外的排气孔可适当关闭，以利保湿；第三，使用带有恒湿控制的设备。

（4）掌握好烤制时间。制品的烘烤时间受烘烤的温度、湿度，制品生坯的形状、种类，是否使用模具等多种因素的影响。

一般来说，烘烤温度高，熟制时间就短；形体越大，熟制时间则相应加长。面点制品种类不同，采用烘烤熟制的温度和熟制时间也不一样。如一些包以生馅的制品，一般需 10 min 左右，个别较厚的品种，则需 40 min 左右；产品形状不同，熟制时间也不同，长方形要比圆形的熟制时间短，薄的比厚的时间短；产品装入模具中比直接放入烤盘中烘烤熟制时间要长，但制品生坯装入模具产品的，形状好，着色好，胀发大而且均匀。

（5）生坯摆放间隙和数量要合理。面点生坯在炉内高温作用下会释放出水分，吸收能量，因此，入炉生坯的数量和间隙直接影响着炉温的高低和炉内湿度和进而影响到产品的质量。

生坯摆放间隙总的原则是既不过稀，也不过密。过稀不利于热能的充分利用，过密影响制品生坯胀发、胀大，甚至相互粘连，破坏造型。同时，要注意摆放整齐、疏密一致，否则会影响炉温平衡，导致生熟不一、个别地方焦煳板结，严重影响产品质量。如烤酥角（见图 2—55）。

图 2—55　烤酥角

生坯摆放的数量以满盘为宜，如果盘未装满，则空缺比较大的地方由于没有吸收热量的物料，热能就会由此向周围扩散，导致附近制品焦煳。如遇到烤盘确实不满时，可用纸制成条，浸水后放在制品边缘，使其吸收热量产生蒸汽起到平衡温度的作用。

(6) 选用导热性能好的烤盘。烤盘必须选用导热性能好的材料，因为底火的热量要通过烤盘传给制品生坯，所以导热性能越好，热量的利用率就越高。目前国内的各种金属烤盘中，以黑色低碳软铁板（0.075～0.1 cm 厚）为好。

(7) 其他要点。烤盘入炉顺序一般应遵循“先进先出”的原则。烤盘入炉后，在烤制品尚未成熟前，不宜挪动，如果非移动不可，动作要轻，以免震动过大而影响制品质量。

十、装盘

装盘是将面点成品摆放进餐具并形成图案的工艺过程。

1. 装盘的基本要求

(1) 注意清洁，讲究卫生。装盘是面点工艺的最后一道工序，此时多数面点制品已经成熟，即灭菌过程已经完成，因此，操作时必须遵循食品卫生规范，不仅盛器要严格消毒，做到光洁无污点，且操作者双手、装盘工具也必须干净卫生，严禁使用带手布擦拭已经消过毒的盘子。

（2）突出成品，疏密得当。在装盘时要根据具体情况选择尺寸适宜的盛器。盛器过大，内容物会显得太少；盛器过小，内容物会超越审美线。餐饮经营中，盛器内制品的个数一般以每客一件，略有剩余为好。如果对盘子或盛器做简单装饰，要凸显食用成品，盘饰不能喧宾夺主，盛器内更要有“留白”，成品不能“溢出”盛器。

（3）器点相配，相得益彰。装盘是面点形、色、器的艺术组合。我国烹饪历来讲究美食配美器，因为有些盛器本身也是具有欣赏价值的艺术品。一道精美的面点，如能盛放在与之相配的盛器中，则更能展现其色、形和意境之美。盛器选用得当不但能起到衬托面点的作用，还能使宾客得到视觉艺术享受。

2. 装盘的基本方法

成品装盘是面点工艺中的最后一道程序，它的效果直接影响面点的色、形感观品质。新颖别致、美观大方是面点装盘的基本要求。面点装盘属于菜点包装的范畴，其意义在于通过装盘的拼配、造型、围边、垫衬、烘托、点缀，力争给食客创造一个良好的视觉效果。面点的装盘拼摆一般有以下几种形式：

（1）排列式（见图 2—56）。将面点按一定的顺序排列，如横纵排列、三角形排列、矩形排列等。排列式装盘较为整齐，可形成较完整的形体。这种装盘形式较为普遍。

图 2—56　排列式

(2) 倒扣式（见图 2—57）。把加工制作的制品按一定的方法（或图案）码在碗中，蒸熟后把其成品倒扣于盘中，即成完美的形状。八宝饭的装盘是最典型的倒扣式装盘。

图 2—57　倒扣式

(3) 堆砌式（见图 2—58）。把面点自下向上堆砌成一定形状，如馒头、烧饼、春卷的堆放，糕的装摆等，适用于较为普通的面点。

图 2—58　堆砌式

(4) 各客式（见图 2—59）。甜羹类、水煮类、煎烤类面点可用小汤盅、小碗、铝盏、纸杯等盛装，每客一份，由服务员分别送于宾客食用。这种装盘比较简单，一般不需装饰，有时可用小分量的水果作点缀。

图 2—59　各客式

第三单元　中式面点常见品种制作

模块一　水调面坯品种制作

一、刀削面

刀削面是山西人民日常喜食的面食，因面的成型全凭刀削，因此得名。它同北京的炸酱面、山东的伊府面、武汉的热干面、四川的担担面，合称为五大面食名品，享有盛誉。

刀削面口诀“刀不离面，面不离刀，胳膊直硬手端平，手眼一条线，一棱赶一棱，平刀是扁条，弯刀是三棱”。

1. 操作准备

(1) 工具准备

案台、炉灶、水锅、煸锅、台秤，盆、刀、案板、手勺、削面刀、削面板、保鲜膜、笊篱。

(2) 原料准备

经验配方：面粉 1 000 g，食盐 10 g，清水 400 g。

打卤原料：酸菜 200 g，白豆腐 100 g，肉末 25 g。

调味原料：植物油 25 g，精盐、鸡精、红辣椒、香油、姜各 1 g，酱油、葱花、料酒各 2 g，胡椒面 3 g，上汤 400 g，生粉 5 g。

2. 操作步骤

步骤 1：和面。面粉、盐放入盆中，分三次加入冷水和成面坯，稍饧后反复揉搋至表面滋润、光滑平整，揉成长圆枕形或梭形，用保鲜膜封好，饧面待用。

步骤 2：打卤。将酸菜洗净切成小丁，豆腐切成 0.5 cm 的小丁备用；将炒锅上火烧热，锅内放入植物油、肉末煸香，烹料酒后下入葱、姜、干红辣椒、酸菜、豆腐丁，用中火煸出香味，再加入上汤、盐、鸡精、胡椒粉、酱油调好味，用生粉勾薄芡，最后淋入香油待用。

步骤 3：熟制。将削面表面稍稍蘸水，将梭形面坯沿内侧半边贴好，一手托削面板（削面板一头搭在肩胛骨上，另一头用手指抠住，手指不能高出面板），另一手持刀，刀刃与面坯纵向的延长线成 45°，沿面坯的内侧向外一刀挨一刀将面削入沸水锅中，煮 3 min 左右。

步骤 4：成型。将面条用笊篱捞入碗内，浇上酸汤豆腐卤即可上桌。

3. 成品特点（见图 3—1）

成品形状	柳叶形、三棱状、七寸长、无毛边
成品色泽	色白
成品质感	筋韧利口、滑而不黏
成品口味	咸鲜酸辣

图 3—1　刀削面

4. 特别提醒

(1) 握刀不要太紧，削面时用力要适当，否则面条过粗或太碎。

（2）面要和得稍硬一些，要揉光滑、揉滋润。

二、姜汁排叉

姜汁排叉中含有鲜姜，而姜具有很好的食疗功用。生姜味辛、性微温，入脾、胃、肺经，具有发汗解表、温中止呕、温肺止咳、解毒的功效，主治外感风寒、胃寒呕吐、风寒咳嗽、腹痛腹泻等病症。

1. 操作准备

（1）工具准备

案板、秤、灶台、炸锅、盆、屉布（或保鲜膜）、刀、笊篱、手勺。

（2）原料准备

经验配方：面粉 500 g，清水 250 g。

辅助原料：白糖 400 g，饴糖 100 g，桂花汁 50 g，清水 200 g，白芝麻 50 g，色拉油 1 500 g（实用 300 g）。

2. 操作步骤

步骤 1：和面。将面粉、清水在案台上用搓擦的方法和成表皮光滑滋润的面坯，盖上湿屉布静置 20 min。

步骤 2：成型。将面坯擀成厚 0.2 cm 的大薄面片；再将面片改刀切成长 5 cm、宽 3 cm 的小面片；将切好的面片三张一摞叠整齐，然后对折，在折叠处用菜刀切中间长、两边短的三刀；将切好的面片打开，将面片的一头从中间的刀口穿过，整理成排叉生坯。

步骤 3：熬制糖桂花汁。锅上火，加入清水、白糖、饴糖、桂花汁熬成糖桂花汁。

步骤 4：熟制。另起锅上火，倒入色拉油，加热至 130℃，放入做好的排叉生坯，炸至金黄色用笊篱捞出。

步骤 5：挂糖。用手勺在炸好的排叉上淋上糖桂花汁，再撒上芝麻即成。

3. 成品特点（见图 3—2）

成品形状	柳叶形、三棱状、七寸长、无毛边
成品色泽	色泽金黄
成品质感	质感酥脆，表面微黏
成品口味	口味微甜

图 3—2　姜汁排叉

4. 特别提醒

（1）面坯不能和得过软，否则擀面片时会相互粘连。

（2）炸制时油温不能过高，防止颜色过深导致味苦。

（3）糖汁不能浇太多，否则成品软而不酥脆。

三、烫面炸糕

人们通常认为炸糕是用江米黏面制作的，而此款炸糕是以百姓家中最普通的面粉制作，馅心的制作仍然可以选择家里常备的白糖、红糖以及各种果仁混合制作。

1. 操作准备

（1）工具准备

电子秤、案板、面盆、罗、油刷、馅盆、馅尺、面杖、刮板、炉灶、油锅（电炸锅）。

（2）原料准备

经验配方：面粉 500 g，清水 1 000 g，泡打粉 2 g，白糖 150 g，

花生油 500 g（实耗 150 g），熟面粉 30 g，桂花酱 10 g。

2. 操作步骤

步骤 1：烫面。清水倒入锅中上火烧开，将面粉过罗(450 g)倒在锅内，用面杖用力搅拌均匀，倒在刷过油的案子上，揪成小块晾凉、晾透；再将剩余干面粉（50 g）与泡打粉混合过罗后揉入面坯中，将揉匀的面坯表面刷油后静置 30 min 左右。

步骤 2：制馅。将白糖与熟面粉、桂花酱拌匀成馅备用（如馅心较干可稍加清水）。

步骤 3：成型。将面坯搓成长条，分摘成剂子（25 g/个）；取一只剂子，用双手拍成圆皮，再用左右手配合捏成“凹”形圆皮，包上糖馅捏紧收口，再用双手拍成边薄中间厚、直径 6 cm 的圆饼。

步骤 4：炸制。锅内加油烧至八成热（240℃），生坯顺锅沿放入锅中，用手勺背沿锅底轻轻推动油面，待炸糕浮起后将其翻面，炸成双面金黄色；用漏勺捞出，控净浮油即成。

3. 成品特点（见图 3—3）

成品形状	圆形，表面有细小珍珠泡
成品色泽	色泽金黄
成品质感	外香酥，内软糯
成品口味	口味香甜

图 3—3　烫面炸糕

4. 特别提醒

（1）面粉要过罗，否则面粉中的小疙瘩会造成面坯中有白色生粉粒。

（2）面坯要烫熟烫透，否则面坯粘手难以操作。

（3）烫面后，面坯要凉透才能继续包馅成型操作，否则成品熟制时容易爆裂。

（4）饧面时面坯表面要刷油，防止风干结皮，否则成品表面粗糙。

四、薄皮包子

薄皮包子（维语叫“皮特尔曼吐”）是维吾尔族同胞喜爱的一道面点，如同北京肉夹馍和天津的狗不理包子一样，很受百姓欢迎。

1. 操作准备

（1）工具准备

案台、案板、蒸箱、台秤、盆、刀、面杖、尺子板、油刷。

（2）原料准备

经验配方：面粉 500 g，温水 300 g，羊后腿肉 300 g，葱头 200 g，水 100 g，胡椒粉 30 g，盐 20 g。

2. 操作步骤

步骤 1：面粉 500 g 放入盆内，沸水 200 g 浇入面粉中间，用面杖搅拌，再倒入 100 g 冷水将面和成面坯，上案子摊薄晾凉，再揉透成温水面坯，盖上湿布饧面待用。

步骤 2：羊肉切 1 cm 见方的大丁，葱头洗净切 1 cm 见方大片；羊肉丁放入盆中，100 g 水分数次放入，每次放水后，要稍抄拌，再用力将肉摔打至发黏；最后加入葱头片、胡椒粉、盐，再次拌匀。

步骤 3：将面坯搓条，揪 50 个剂子（15 g/个）；顺接口用手掌根将剂子按扁，用面杖将剂子擀成中间稍厚、边缘稍薄的圆形薄皮，放入一份馅（12 g）；一手托皮馅，另一只手用拇指和食指从面皮的一边两侧交替推捏成鸡冠包状。

步骤 4：笼屉立放，用油刷顺屉面刷油；将薄皮包生坯码入笼屉，上蒸锅大火蒸 15 min 熟透即成。

3. 成品特点（见图 3—4）

成品形状	鸡冠状，不破皮、不掉底
成品色泽	色白
成品质感	馅嫩，皮柔，皮薄馅大
成品口味	肉汁浓厚，咸鲜微辣

图 3—4　薄皮包子

4. 特别提醒

（1）馅心要反复摔打透，使其吸足水分，否则吃口干燥，馅心不嫩。

（2）打馅时要遵循分次少量加水的原则，一次加水太多，会使肉馅泄水。

（3）此道面点要趁热食用。

五、春饼

春饼也叫荷叶饼、薄饼，是中国汉族的传统美食。制作春饼的材料普通易得，春饼制作方便，口感柔韧耐嚼，吃法也有很多种，通常以春饼卷“盒菜”一起食用。

“盒菜”是用豆芽菜、粉丝等加调料炒制或拌制而成，还要配上炒菠菜、炒韭菜、摊鸡蛋、酱肘花、酱肉、熏肉等。

1. 操作准备

（1）工具准备

案板、电饼铛、盆、洁净湿布（或保鲜膜）、刀、油刷、面杖、平铲。

（2）原料准备

经验配方：面粉 500 g，热水 300～320 g，色拉油 100 g。

2. 操作步骤

步骤 1：面粉放在盆内，一部分面粉用开水烫熟，剩余的部分加冷水拌和；将两种面坯调和起来揉成团，让其光滑、滋润，盖上湿布饧好。

步骤 2：饧好的面坯揪成 20 g 重的剂子，整齐码放在案台上，按成直径 5 cm 的圆形片，面上刷油，在每个圆坯撒上少许面粉，再次刷油。

步骤 3：做好的面坯两个对折在一起，用面杖擀成直径 15 cm 的圆皮；将饼坯放入电饼铛烙至两面变色即可出锅。

3. 成品特点（见图 3—5）

成品形状	圆形薄饼
成品色泽	干白
成品质感	软糯
成品口味	面本味

图 3—5　春饼

4. 特别提醒

（1）面坯间的油要刷到位，否则熟后揭不开。

（2）春饼不要烙至上色，否则会使饼发硬，影响口感。

（3）配饼的菜品可根据个人喜好随意搭配。

模块二　膨松面坯品种制作

一、火腿花卷

花卷中卷包的火腿可以根据已有材料，使用香肠、火腿肠、泥肠等。

1. 操作准备

（1）工具准备

案板、轧面机、电子秤、粉筛、炉具、蒸锅、盆、洁净湿布（或保鲜膜）、刀、油刷。

（2）原料准备

经验配方：中筋面粉 500 g，酵母 7 g，泡打粉 3 g，白糖 50 g，30℃水 250 g，方火腿一个或香肠 25 根。

2. 操作步骤

步骤 1：面粉与泡打粉一起过粉筛放入盆中，加入酵母、白糖，分次放入清水和成面坯；用轧面机反复碾轧滋润成发酵面坯，盖上洁净湿布饧置。

步骤 2：将方火腿用刀切成 0.5 cm×0.5 cm×8 cm 的长方形条状备用。

步骤 3：将饧好的面坯揪剂子 25 个（30 g/个）；将剂子搓成粗细均匀的细长条，将长条面坯的一头与火腿条的一头对头相搭，面坯长条均匀缠绕在火腿条上，缠绕的第一圈要用面压住对头相搭的面的一头，最后一圈要将面的最后断头塞在面条内，使面条紧紧缠绕在火腿条上，且两头不脱落；然后盖上洁净湿布饧置。

步骤 4：用油刷将笼屉面刷薄薄一层油，以防制品粘底；将饧好的生坯半成品放入，开锅蒸 20 min 即成。

3. 成品特点（见彩图 1）

成品形状	长条状，粗细匀称，面条缠绕密实均匀
成品色泽	色泽和谐
成品质感	质感暄软
成品口味	微咸

4. 特别提醒

（1）泡打粉应与面粉一起过粉筛，无颗粒，否则制品有黄色斑点，且表皮易起气泡。

（2）条要搓匀，且缠绕松紧度要匀，缠绕太紧蒸制时容易爆裂。

二、荷叶夹

此面食最适宜与红烧肉、酱鸡、酱鸭等动物菜肴配合食用。

1. 操作准备

（1）工具准备

案板、电子秤、粉筛、蒸箱、蒸屉、盆、屉布（或保鲜膜）、刀、油刷。

（2）原料准备

经验配方：面粉 500 g，清水 250 g，干酵母 10 g，白糖 5 g，泡打粉 10 g，色拉油 50 g。

2. 操作步骤

步骤 1：将面粉、泡打粉过罗后放入盆中，干酵母、白糖也倒入盆中，倒入清水 150 g 与粉料和均匀，再将剩余的水分倒入面盆中，将面揉和滋润光滑，盖上湿布静置饧面 20～30 min。

步骤 2：将饧发好的面坯搓条，下剂 25 个；将剂子按扁，用面杖擀成厚 0.5 cm 的圆形皮子；用油刷将色拉油在皮子表面刷匀，对折成半圆，用刮面板在表面上压出放射性花纹，再顶出三个波纹。

步骤3：用油刷在笼屉表面均匀刷一层油，将荷叶卷生坯码在屉上，放在潮湿温暖的地方再次饧发。

步骤4：将生坯放入蒸箱内，旺火蒸10 min至成熟；揭开锅盖感觉不粘手即成。

3. 成品特点（见彩图2）

成品形状	形似荷叶
成品色泽	色泽洁白
成品质感	膨松柔软，不粘手
成品口味	醇香

4. 特别提醒

（1）要按照季节调节和面时的水温。

（2）饧发时间要根据季节、室温、湿度适当调节，以饧发合适为准。

（3）饼坯表面压纹时，用力要适当。用力太大，荷叶夹表面会切断；用力太小，荷叶夹饧发后表面会无花纹。

三、三色馒头

紫甘薯中含丰富的花青素，花青素对热稳定，对酸碱性敏感。当面坯的pH值为5时，该色素呈稳定的红色，而在pH值大于5时，其颜色由红色变为紫色再变为蓝色。由于天然食物中几乎没有蓝色食物，人们从视觉上、心理上不接受蓝色、蓝绿色食物，所以用紫薯制作面点制品，要避免与碱性物质混用，如小苏打、臭粉、泡打粉等。

同理，紫薯与本色面坯还可做出双色花卷（见彩图3）。

1. 操作准备

（1）工具准备

案板、电子秤、粉筛、炉具、蒸锅、盆、洁净湿布（或保鲜膜）、刀、油刷。

（2）原料准备

经验配方：面粉500 g，清水250 g，干酵母10 g，白糖5 g，色拉油 50 g，南瓜蓉 100 g，紫薯蓉 100 g。

2. 操作步骤

步骤 1：面粉过罗，与干酵母、白糖一起放到盆中，分次加入 200 g 清水调制；再将其分三份，一份加入南瓜蓉揉均匀做成黄色面坯，另一份加入紫薯蓉调制成紫色面坯，剩余的加入 50 g 清水和成面坯，三块面坯分别盖上湿布饧面。

步骤 2：将饧发好的面坯分别擀成长方形片，把黄色和紫色面片摞在本色面片上，用面杖稍擀紧，从一头卷成筒状，然后切成馒头剂子。

步骤 3：笼屉上均匀地刷上植物油，将切好的馒头生坯码在屉上，放在潮湿温暖的地方再次饧发。

步骤 4：将饧发好的花卷生坯放入蒸锅内，旺火蒸 15 min，熟透不粘手即成。

3. 成品特点（见彩图 4）

成品形状	层次清晰
成品色泽	白、黄、紫色泽分明
成品质感	松软
成品口味	清香

4. 特别提醒

（1）面坯必须饧发充分才可上锅蒸制。

（2）配方中不能使用泡打粉，否则紫色将变为黑灰色。

（3）使用紫薯制作面点，面坯中应避免放入泡打粉、小苏打、臭粉等碱性物质，否则成品色泽不悦。

（4）紫薯只是甘薯的一个颜色品种，与红薯、白薯一样，不是转基因食品。

四、脆麻花

脆麻花是我国清真小吃的常见品种，各地均有制作，其形状、质地基本相同。此外，还有芝麻麻花、馓子麻花、蜜麻花等。麻花有油香通脆、色泽清丽、价格亲民、四季皆宜的特点。

1. 操作准备

（1）工具准备

案板、轧面机、电子秤、粉筛、炸锅、漏勺、盆、屉布（或保鲜膜）、刀、油刷、托盘。

（2）原料准备

经验配方：面粉 500 g，红糖 100 g，小苏打 3 g，清水 250 g，色拉油（炸油）1 500 g。

2. 操作步骤

步骤 1：将面粉、红糖、小苏打、清水混合，用搓擦的方法和成面坯，盖上湿屉布饧面。

步骤 2：将饧好的面坯搓成长条，条直径在 3 cm。

步骤 3：将圆条揪成 30 g 的剂子。

步骤 4：将揪好的剂子横切面向上，搓成食指粗的小长条，条长15 cm；摆放整齐，在剂子上面刷上色拉油。

步骤 5：将饧好的长条双手搓成 30 cm 长，再按一个方向把面条搓上劲。

步骤 6：将搓上劲的面条对折两次成麻花状即可。

步骤 7：把搓好的麻花放入已准备好的油锅中，中火炸至金黄色捞出，放入托盘中晾凉。

3. 成品特点（见图 3—6）

成品形状	卷曲条状
成品色泽	金黄或棕红
成品质感	焦、酥、脆，存放几天仍保持通脆
成品口味	微甜

4. 特别提醒

（1）面条搓制时要缠紧，防止松扣。

（2）炸制时油温不能过高，防止夹生。

（3）面坯不能过软，防止成品不能成型。

图 3—6　脆麻花

图 3—6　脆麻花

五、芝麻桃酥

桃酥是我国民间常见的茶点，其以酥脆的口感、香甜的味道、耐储存的特性受到民众的青睐。制作桃酥既可使用植物油，也可使用动物脂，糖的用量可根据喜好。在配方中再加少量食盐，也是别有风味。

1. 操作准备

(1) 工具准备

电子秤、案板、刮刀、烤箱、烤盘。

(2) 原料准备

经验配方：低筋面粉 1 500 g，白糖 750 g，花生油 600 g，臭粉 35 g，小苏打 15 g，鸡蛋 6 只。

装饰料：黑芝麻 5 g。

2. 操作步骤

步骤 1：低筋面粉过筛放在案板上，围成凹形；将白糖、鸡蛋液搅打成乳白色，再加入臭粉、苏打粉，搅拌后加油，继续搅拌至乳化，最后拨入面粉叠压成面坯。

步骤 2：将面坯擀成厚 1 cm 的面片，用直径 5 cm 的铁模具扣出，放入烤盘内上面刷水，撒黑芝麻，即成生坯（剩余边角料可以重复使用）。

步骤 3：将炉温升至上火 180℃、下火 150℃，放入生坯，烤至淡黄色表面开裂即成。

3. 成品特点（见彩图 5）

成品形状	圆形饼状，表面有龟裂花纹
成品色泽	色泽金黄，表面有黑色芝麻颗粒
成品质感	酥脆
成品口味	甘甜

4. 特别提醒

（1）调制面坯时，蛋液与糖粉必须搅成乳白色，和面时速度要快。

（2）模具扣出后的圆饼，要用食指按一下，这样容易开裂。

（3）鸡蛋也可用水代替。

（4）炉温温度不可太高，否则成品流散性差。

六、油条

油条是中国百姓早餐桌上常见的品种，传统油条配方中均使用明矾，明矾的作用一是与小苏打遇水产气，二是使成品口感发脆。但有报道称：长期食用明矾有可能使人患上老年性痴呆症。这给有食用油条习惯的人们带来恐慌。本配方解决了不用明矾产品依然通脆的问题。

另外，多数油条配方中，和成的面坯必须当天使用且成品不能回锅复炸，而此配方饧好的面坯如不马上使用，可用保鲜膜封好后放入冰箱（5℃）冷藏保存两天，使用前从冰箱中取出饧 15 min，面坯即可继续成型、熟制。这不仅延长了面坯的使用寿命，而且可以做到成品复炸不出现“白霜”、不影响质量，从而提高了产品的商业价值。

1. 操作准备

（1）工具准备

炉灶、面案、台秤、面盆、刀、煸锅、铁筷子、笊篱、面杖、保鲜膜。

(2) 原料准备

经验配方：玫瑰面粉 500 g，金像面粉 350 g，食盐 16 g，小苏打 3 g，臭粉 4 g，泡打粉 27 g，枧水 5 g，清水 600 g，炸油。

2. 操作步骤

步骤 1：将玫瑰面粉、金像面粉、泡打粉过罗后倒入和面盆中拌匀。

步骤 2：将食盐、小苏打、臭粉、枧水倒入小盆中，慢慢加入清水搅匀成溶液。

步骤 3：将溶液分两次倒入面盆中。第一次倒入八成，用手将面粉抄匀，然后倒入剩余的溶液，用手将面搋匀，三光后用湿布盖住面坯静饧 1 h。

步骤 4：双手握拳，将面坯捣开。双手抻拉面的上部边缘叠至面坯中间，用手捣匀，再依次从下面向中间叠、从左面向中间叠、从右面向中间叠，并依次捣匀；用保鲜膜封好静饧 4 h（冬季天凉温度低可适当增加静饧时间，夏季天热温度高可适当减少静饧时间）。

步骤 5：面板上刷油，将面坯放在面板上铺成长方形；用刀切成 5 cm 宽长条，用面杖擀成宽约 10 cm、厚约 0.3 cm 的长片，再顶刀切成宽约 2 cm 的条；将两根面条叠在一起，用刀背压一下，使其中间相连，做成油条生坯待用。

步骤 6：油锅烧热（约 180℃），两手将生坯从中间向两端抻开约 18 cm，生坯中间先下入锅中炸 2 s，再将生坯全部下入锅中并用筷子不停翻动，炸到生坯鼓起且皮松脆、色泽金黄即可出锅。

3. 成品特点（见图 3—7）

成品形状	双拼条状
成品色泽	棕红
成品质感	疏松通脆
成品口味	干香味和

图 3—7　油条

4. 特别提醒

(1) 保证面的饧发时间。时间短，则油条面发死不起；时间过长，面发过，油条面口感发硬炸不起。

(2) 炸制时要用筷子不停翻动生坯，否则油条炸色不匀且膨胀不充分。

(3) 面坯不用时，要用保鲜膜封好，防止风干结皮。

模块三　层酥面坯品种制作

一、螺丝转儿

螺丝转儿属于北京风味小吃，在制作上保留了传统技法和民族特点，口味独特，形味俱佳。

1. 操作准备

(1) 工具准备

案板、电饼铛、电子秤、面杖、屉布（或保鲜膜）、刀、油刷。

(2) 原料准备

经验配方：面粉 350 g，发面 150 g，清水 200 g，芝麻酱 250 g，红糖 50 g，香油 30 g，芝麻 100 g，食用碱 2 g。

2. 操作步骤

步骤 1：将面粉 350 g、发面 150 g 加少量碱水和成半发面的面坯静置。

步骤 2：芝麻酱与红糖混合，用香油澥成麻酱汁。

步骤 3：将饧好的面坯揪成 50 g 的剂子，用面杖擀成长方形面皮，刷上麻酱汁，从面皮的一头卷成卷，用手将卷稍稍按扁至 3 cm 宽。

步骤 4：将面卷用刀从中间竖切成两半，以拇指为中心将面坯稍抻拉并围绕拇指缠绕成圈，放在案台上轻轻按扁，成生坯。

步骤 5：电饼铛预热到 220℃，将生坯置于电饼铛上，烙成两面棕红即成螺丝转儿。

3. 成品特点（见彩图 6）

成品形状	饼状，表面呈螺旋花纹
成品色泽	棕红
成品质感	外酥脆，内松软
成品口味	微甜酱香

4. 特别提醒

（1）面坯不能太硬，否则不易出层。

（2）烙制时电饼铛必须预热，否则成品口感干硬。

（3）烙制时，温度不能太高，否则容易夹生。

二、芝麻酱烧饼

芝麻酱烧饼是我国北方民间较为常见的面食品，其外酥内软、酱香浓郁的品质特征深受百姓喜爱。同时，还可以根据原料的变化制作花生酱烧饼，口味可根据喜好做成甜味或咸味。

1. 操作准备

（1）工具准备

案板、电子秤、电饼铛、屉布（或保鲜膜）、面杖、尺子板、油刷。

（2）原料准备

经验配方：面粉 500 g，清水 350 g，芝麻酱 200 g，植物油

50 g，酱油 50 g，白芝麻 100 g。

2. 操作步骤

步骤 1：将面粉 500 g 放在案台上，加清水 350 g 用搓擦的方法和成面坯；盖上湿屉布静置饧面 20 min。

步骤 2：将芝麻酱放入小盆中，分次将植物油倒入其中，用尺子板顺一个方向搅拌均匀。

步骤 3：将饧好的面坯用面杖擀成一头稍宽、另一头窄的长形大片，面片上用刷子抹上稀释好的芝麻酱，再从窄的一头把面片卷成筒状，稍稍搓细，揪成 50 g 的剂子摆放在案台上。

步骤 4：将剂子拿起，用左右手分别握住剂子的两端，稍抻拉后把剂子两头收到剂子中间成圆形，放在案台上稍稍按扁；在按扁的饼坯表面均匀刷上酱油；将刷好酱油的饼坯放到芝麻盘中，一面蘸满芝麻。

步骤 5：饼铛烧热，将蘸好芝麻的饼坯放在饼铛上烙制成熟。

3. 成品特点（见图 3—8）

成品形状	圆形饼状
成品色泽	酱红
成品质感	表皮酥脆，内质松软
成品口味	微咸，酱香味浓

图 3—8　芝麻酱烧饼

4. 特别提醒

（1）面坯不能太硬，否则烧饼不易出层。

（2）如芝麻酱黏稠度合适，则可不用植物油稀释。

（3）饼坯刷酱油时，一定要刷出黏性以便于蘸芝麻。

（4）饼铛要烧热，否则烧饼干硬，但烙制时温度不能太高，否则会夹生。

三、糖火烧

糖火烧是满族传统小吃，因其制作时用缸做成炉子，将烧饼生坯直接贴在缸壁上烤熟而得名。它是北京人常吃的早点之一，已有300多年历史。糖火烧香甜味厚，绵软不黏，适合老年人食用。相传远在明朝的崇祯年间，一位叫刘大顺的回民，从南京随粮船沿南北大运河来到今天北京城正东的通州，他见古镇通州水陆通达、商贾云集，便在镇上开了个小店，取名“大顺斋”，专门制作销售糖火烧。到清乾隆年间，大顺斋糖火烧已远近闻名了。

1. 操作准备

（1）工具准备

案板、轧面机、电子秤、电烤箱、盆、屉布（或保鲜膜）、刀、面杖。

（2）原料准备

经验配方：面粉 500 g，面肥 100 g，食用碱 2 g，麻酱 250 g，色拉油 100 g，红糖 50 g。

2. 操作步骤

步骤1：将面粉和面肥加食用碱和成半发面的面坯。

步骤2：将麻酱、色拉油、红糖调成糖麻酱汁。

步骤3：将饧好的面坯擀成长方形的大面片，在擀好的面片上刷匀调制好的麻酱汁，再将面皮从一头紧紧卷起。

步骤4：将卷好的面坯按每个 50 g 揪成剂子，将剂子两头包严做成圆饼状。

步骤5：将包好的生坯放入烤箱（210℃）15 min 烤熟取出即可。

3. 成品特点（见图 3—9）

成品形状	圆饼状，层次分明
成品色泽	棕红
成品质感	外皮酥脆，内瓤松软
成品口味	酱香味甜

图 3—9 糖火烧

4. 特别提醒

（1）面坯不能过硬，否则不易操作。

（2）麻酱不能太稀，防止麻酱外漏。

（3）卷制面皮时层次要多。

模块四 米粉面坯品种制作

一、艾窝窝

艾窝窝是北京传统风味小吃，每年农历春节前后，北京的小吃店都要上这个品种，一直卖到夏末秋初，所以艾窝窝也属春秋品种。关于艾窝窝的来源有两种说法，一说古已有之，源于北京。明万历年间内监刘若愚的《酌中志》中说：“以糯米夹芝麻为凉糕，丸而馅之为窝窝，即古之‘不落夹’是也。”另一说是由维吾尔族穆斯林带入清宫，后流传至北京民间。有诗云“白黏江米入蒸锅，什锦馅儿粉面搓。浑似汤圆不待煮，清真唤作艾窝窝”。现在艾窝窝一年四季都有供应。

其先成熟后成型工艺使用的面干儿，在干粉熟制后才能使用，熟制方法往往采用蒸制。

1. 操作准备

(1) 工具准备

案台、蒸锅（箱）、台秤、盆、屉布、罗、刮刀、不锈钢长方盘。

(2) 原料准备

经验配方：糯米 500 g，水 450 g。

馅心原料：豆沙馅、糖粉各 50 g，面粉 250 g。

辅助材料：酒精、酒精棉。

2. 操作步骤

步骤 1：用酒精棉蘸满酒精将案子、刮刀、罗、不锈钢长方盘擦拭消毒。

步骤 2：将干屉布平铺在蒸屉上，倒入面粉，用手指拨平，大火蒸 10 min。出锅后与糖粉一起过罗即成熟面干儿；豆沙馅用刮刀切成 15 g 一个的剂子，用手搓成球状，备用。

步骤 3：将糯米放入盆中淘洗干净，加清水放入蒸箱中蒸成米饭，同时蒸一块 1 m 见方的干屉布。

步骤 4：将蒸过的屉布平铺在消过毒的案子上，将米饭倒在屉布上，用屉布将蒸好的糯米饭包住，一只手攥住屉布的四角，另一只手边蘸凉水边趁热隔布搓擦糯米粉。

步骤 5：以熟面粉做面干儿，将米饭皮搓成直径为 5 cm 的条，切剂子 30 个（30 g/个）；将剂子切口向上，在切口处按上豆沙馅包成圆球状，收紧接口，表面滚蘸熟面干儿，接口向下码入不锈钢长方盘内即成。

3. 成品特点（见彩图 7）

成品形状	圆球状，饭皮紧包馅心，不散不塌
成品色泽	洁白，表面均匀粘满粉状面干儿
成品质感	黏、软、糯、韧，不粘牙
成品口味	微甜

4. 特别提醒

（1）蒸糯米时清水不能过多，防止糯米太黏稠不能操作。

（2）馅心不能太大，防止露馅。

（3）糖粉不能过多，防止糖化变软。

二、八宝饭

八宝饭的装饰料既有装饰的作用，同时也有调剂口味、营养搭配、调节色泽等作用，其原料的选择还可以用小枣、莲子、花生、核桃等。

1. 操作准备

（1）工具准备

案台、炉灶、蒸锅（箱）、铜（不锈钢）锅、台秤、盆、油刷、手勺、小碗、小刀。

（2）原料准备

经验配方：糯米 500 g，水 450 g，大油 25 g，白糖 25 g。

配料：豆沙馅、生粉各 50 g，白糖 200 g，水 250 g，桂花酱 50 g。

装饰料：青梅、京糕条、西瓜子、桃脯等共 50 g。

辅助材料：油纸一张。

2. 操作步骤

步骤 1：将小碗内壁均匀抹上大油；油纸裁成 15 cm 见方；将青梅、桃脯、京糕切成需要的形状，与瓜子仁一起在碗内壁上拼摆出图案。

步骤 2：将糯米倒入盆内洗净，加水 450 g，上蒸锅蒸 20 min做成糯米饭；趁热将大油 25 g、白糖 25 g与米饭拌匀。

步骤 3：拌匀的米饭团包入豆沙馅成团，放入碗内轻轻压实，将油纸刷过油的一面平铺在碗面上（盖严）待用。

步骤 4：开餐时，将小碗放入笼屉中蒸熟，取出后在表面盖一盘子，反扣过来，拿去碗。

步骤 5：铜（不锈钢）锅上火，放 500 g 水、白糖 200 g 烧开，倒入桂花酱，勾入适量水淀粉成玻璃芡，浇在盘子上即成。

3. 成品特点（见图 3—10）

成品形状	外观随盛器形状，图案清晰
成品色泽	白底嵌花，玻璃芡明亮
成品质感	软、糯、滑
成品口味	微甜，果脯、干果、豆沙、桂花香味浓郁

图 3—10　八宝饭

4. 特别提醒

（1）蒸糯米时清水不能过多。

（2）贴图案时要记得图案是反向的。

（3）小碗涂抹猪油要均匀。

（4）勾芡不能太黏稠。

三、芝麻凉卷

糯米又称江米。其硬度低、黏性大、涨性小，色泽乳白不透明，但成熟后有透明感。糯米有籼糯米和粳糯米之分，粳糯米粒阔扁，呈圆形，其黏性较大，吸水率不及籼糯米，品质较佳；籼糯米粒细长，黏性较差，米质硬，不易煮烂。

1. 操作准备

（1）工具准备

案台、蒸锅（箱）、烤箱、台秤、盆、走槌、屉布、刮刀、不锈钢长方盘、油纸、尺子板。

（2）原料准备

经验配方：糯米 500 g，水 450 g。

配料：豆沙馅、芝麻各 500 g。

辅助材料：酒精，酒精棉。

2. 操作步骤

步骤 1：用酒精棉蘸满酒精将案子、刮刀、罗、不锈钢长方盘擦拭消毒。

步骤 2：将芝麻平铺在烤盘上，放入 180℃烤箱中烤成金黄色且出香味，倒在案子上用走槌擀轧成蓉，用刮刀盛入盆中；油纸裁成 8 cm 宽的纸条，备用。

步骤 3：将糯米放入盆中淘洗干净，加清水放入蒸箱中蒸成米饭，同时蒸一块 1 m 见方的干屉布。

步骤 4：将蒸过的屉布平铺在消过毒的案子上，将米饭倒在屉布上，用屉布将蒸好的糯米饭包住；一只手攥住屉布的四角，另一只手边蘸凉水边趁热隔布搓擦到不见饭粒为止；解开布晾凉，用原布盖上，以免干皮。

步骤 5：在案子上撒上白芝麻末，将搓烂的糯米饭滚上芝麻末；搓成直径 5 cm 的长条后，压扁擀成 10 cm 宽、0.5 cm 厚的片；另将豆沙馅放在油纸上，擀成与油纸同样大小的 0.3 cm 厚的片，盖在糯米片上撕去油纸，由两边卷至中间相接呈如意状长条；将如意状长条的接口翻在下面，双手将长条捋成粗细一致的条，表面撒上芝麻末，切成 3 cm 宽的小段即可；将芝麻凉卷立放在不锈钢长方盘中（如意花纹向上）。

3. 成品特点（见彩图 8）

成品形状	如意卷状，花纹清晰，不散
成品色泽	黄、白、黑相间
成品质感	软、糯、沙
成品口味	微甜，有豆沙、芝麻香

4. 特别提醒

（1）使用粳性糯米。

（2）蒸饭时用水量要合适，否则饭皮面坯软烂或夹生。

（3）芝麻要烤熟，否则成品无芝麻香味。

（4）揉搓饭皮时，要适当蘸些凉水，否则手会烫伤。

模块五　杂粮面坯品种制作

一、莜面猫耳朵

莜面猫耳朵是我国晋式面点的代表品种，因外形酷似猫的耳朵而得名。猫耳朵可以用面粉、荞麦粉、高粱粉制作，配料中还可以有青豆、黄豆、豆腐干、芹菜、蒜苗等。

1. 操作准备

（1）工具准备

案板、电子秤、炉具、炒锅、盆、屉布（或保鲜膜）、刀、面杖。

（2）原料准备

经验配方：莜麦面 500 g，清水 250 g，柿子椒 100 g，胡萝卜 100 g，五花肉 50 g。

调味原料：植物油、食盐、鸡精、酱油、料酒。

2. 操作步骤

步骤 1：将莜麦面 500 g、清水 250 g 用搓擦的方法和成面坯，盖上湿屉布静置。

步骤 2：将饧好的面坯用面杖擀成长方形的面片，用菜刀切成 1 cm 的长条，再切成 1 cm 见方的小面坯，用右手的拇指按住小面坯用力向前搓成耳朵形状。

步骤 3：将青柿子椒、胡萝卜、五花肉切成小丁。

步骤 4：锅上火，加入清水烧开放入搓好的猫耳朵，胡萝卜焯水取出过凉。

步骤 5：锅上火，加入色拉油烧热放入肉丁煸炒，再放入青椒丁煸炒，最后放入焯过水的胡萝卜和猫耳朵，加入调味料调味即可出锅。

3. 成品特点（见图 3—11）

成品形状	形似猫耳
成品色泽	金黄、白、绿色彩分明
成品质感	质感筋道
成品口味	口味咸鲜

图 3—11　莜面猫耳朵

4. 特别提醒

（1）主料与辅料的大小必须一致。

（2）搓制猫耳朵时形状要像。

（3）面坯不能过软，否则不易成型。

二、玉米面团子

玉米在我国广有栽种，也是我国部分地区百姓的主要粮食，但是以玉米为主食的地区，人们往往容易患癞皮病，这主要是维生素 B_5 缺乏所致。玉米中含的维生素 B_5 并不低，甚至高于大米，但是玉米中的维生素 B_5 为结合型，不易被人体吸收利用。如果在玉米制品中加入少量的小苏打，将使大量游离的维生素 B_5 释放出来，从而被人体利用。

1. 操作准备

（1）工具准备

案台、炉灶、案板、蒸锅（箱）、水锅、台秤、盆、刀、刮皮刀、擦子、笊篱、尺子板、油刷。

（2）原料准备

经验配方：玉米面 350 g，水约 300 g，小苏打 3 g。

馅心原料：肥瘦肉馅 250 g，胡萝卜 300 g。

调味原料：花椒 10 g，盐 15 g，料酒 20 g，酱油 20 g，葱 50 g，姜 10 g，大油 50 g，鸡精 5 g，五香粉 3 g，香油 10 g。

2. 操作步骤

步骤 1：将玉米面放入盆内，加入小苏打，清水分次加入，和匀后静置饧面，待用。

步骤 2：萝卜洗净，用刀切去头尾，用刮皮刀刮去表皮，用擦子将萝卜擦成细丝；葱、姜洗净，用刀切成葱花、姜末；花椒用开水浸泡，待用。

步骤 3：水锅内加入水，上火烧开，将萝卜丝倒入沸水中焯水；用笊篱将焯过水的萝卜丝捞出，晾凉后挤出水分。

步骤 4：肉馅放入盆中，用盐、料酒、酱油搅打均匀入味，分次加入少量花椒水，用尺子板顺一个方向不断搅打使肉馅上劲，再放入葱花、姜末拌匀，加入萝卜丝，拌匀；最后加入鸡精、五香粉、香油调味。

步骤 5：笼屉立放，用刷子蘸植物油将屉刷均匀。

步骤 6：取 35 g 玉米面坯在手中拍成皮坯，上馅后双手将馅包入面坯中，生坯呈团状，将菜团生坯整齐地码在屉上。

步骤 7：将菜团生坯入蒸箱旺火蒸 15 min。

3. 成品特点（见图 3—12）

成品形状	团球状，薄皮大馅
成品色泽	玉米面色
成品质感	松软，暄而不散
成品口味	咸鲜味浓

图 3—12　玉米面团子

4. 特别提醒

（1）饧面时间要充分，使玉米面颗粒充分吸水，否则成品表面易开裂且口感过于粗糙。

（2）胡萝卜水分要挤净，否则馅心稀软，会使成品松散不成团。

三、杂粮饼干

莜麦、荞麦、玉米、小米、高粱面等杂粮在我国各地均有种植。目前杂粮面食加工以产区居民饮食习俗为主，传统面食品种单一、制作工艺复杂、口感粗糙、食味欠佳。以杂粮制作糕点，用于早餐和茶点，不仅便于储存、方便食用，还有利改变膳食结构，益于健康。

1. 操作准备

（1）工具准备

电子秤、冰箱、烤箱、面盆、蛋抽子、饼干木模、烤盘、塑料刮刀、保鲜膜。

（2）原料准备

经验配方：莜麦 200 g，黄油 150 g，白糖 45 g，可可粉 10 g，鸡蛋 50 g。

2. 操作步骤

步骤 1：将白糖、黄油混合放入盆中，用抽子搅拌至均匀，分次加入鸡蛋液，搅拌至乳膏状，掺入莜麦粉、可可粉混合搅拌，做成莜麦面坯。

步骤 2：木模中垫入保鲜膜，将面坯整理成长方形块状放入木模，按压紧实，封好保鲜膜，放入冰箱冷冻。

步骤 3：木模从冰箱中取出，将冻硬实的面坯从木模中取出，揭去保鲜膜，顶刀切成 0.3 cm 厚的饼干生坯。

步骤 4：饼干生坯整齐地码在烤盘上，180℃烤箱烘烤 8 min，取出静置冷却至室温。

3. 成品特点（见图 3—13）

成品形状	片状
成品色泽	咖色
成品质感	酥脆
成品口味	口味微甜，味道苦香

4. 特别提醒

（1）严格按顺序投料，和面时要搅拌至原料完全乳化，否则影响成品涨发度。

（2）冷冻要冻透，否则影响切片且易散碎。

（3）烤制温度不能过低，否则饼干渗油。

图 3—13　杂粮饼干

四、红薯芝麻球

红薯、土豆、山药、芋头等在我国广有种植。民俗旅游开发薯类农作物的面食品，其原料来源便捷且对原料的品种、品质没有特殊要求，极易推广。薯类面坯无弹性、韧性、延伸性，虽可塑性强，但流散性大，用其制作点心，成品松软香嫩，具有薯类特殊的味道。

1. 操作准备

(1) 工具准备

电子秤、蒸锅、煸锅、漏勺、手勺、面盆、罗、刮刀、保鲜膜、盘子。

(2) 原料准备

经验配方：红薯泥 500 g，糯米粉 150 g，澄粉 225 g，大油 25 g。

馅心原料：豆沙馅。

辅助原料：芝麻、生粉、鸡蛋。

2. 操作步骤

步骤 1：红薯洗净，上蒸锅蒸熟，趁热去皮过罗成红薯泥。

步骤 2：将糯米粉、澄粉、大油、白糖与红薯泥混合搓擦均匀，做成薯蓉面坯。

步骤 3：将薯蓉面坯下剂子 60 个，分别包入豆沙馅，收口包严呈球状。

步骤 4：将红薯球在清水中稍蘸一下，再放入芝麻中滚蘸，使芝麻蘸均匀粘牢。

步骤 5：煸锅上火，倒入炸油烧至六成热，慢慢放入红薯芝麻球生坯，轻轻晃动煸锅炸至金黄色，用漏勺捞出。

3. 成品特点（见图 3—14）

成品形状	球状
成品色泽	金黄色
成品质感	表面酥脆，内质绵软
成品口味	薯香浓郁，口味香甜

图 3—14　红薯芝麻球

4. 特别提醒

(1) 蒸薯类时间不宜过长，蒸熟即可，防止原料吸水过多，薯蓉太稀，工艺难以实现。

(2) 糖和粉类原料需趁热掺入薯蓉中，随后加入油脂，擦匀折叠至面坯细腻润滑即可。

五、燕麦发糕

燕麦又称为莜麦，俗称油麦、玉麦、雀麦、野麦。燕麦主要有两种，一种是裸燕麦，另一种是皮燕麦。燕麦富含膳食纤维，能促进肠胃蠕动，利于排便，其热量低、升糖指数低，具有降脂降糖降压的“三降”作用。

1. 操作准备

(1) 工具准备

案台、炉灶、案板、蒸锅(箱)、台秤、盆、刀、刮皮刀、木模、油刷。

(2) 原料准备

经验配方:面粉 400 g,玉米面粉 100 g,燕麦片 100 g,白糖 100 g,牛奶 250 g,水 100 g,吉士粉 10 g,泡打粉 5 g,葡萄干 25 g,蜜枣 9 个。

2. 操作步骤

步骤 1:将面粉、玉米粉、燕麦片、白糖、葡萄干(提前洗干净)放入盆中,加入吉士粉、泡打粉拌匀。

步骤 2:将牛奶分两次倒入盆中,每倒一次,将面盆中的粉料捞匀;将水同样分两次倒入,将面粉和成面浆封好饧发(室温 25℃时饧发 2 h 左右,面坯涨发一倍鼓起就好)。

步骤 3:蒸锅内加入适量的水,加热至 60℃左右关火;将笼屉放入,铺好屉布,将发酵起的面浆放入,铺平,盖好屉盖继续饧发约 1 h。

步骤 4:面浆再次涨发鼓起一倍时,蒸锅开火,将蜜枣码放在发糕生坯上,盖好屉盖,水烧开蒸制 45 min 即可。

3. 成品特点(见图 3—15)

成品形状	与模具形状相同,表面纹路清晰,棱角分明
成品颜色	色泽金黄
成品质感	软糯
成品口味	小麦、燕麦本味

4. 特别提醒

(1) 牛奶、清水分次加入和面,避免一次全部加入使面浆和不均匀起疙瘩。

(2) 面浆两次发酵,发起以后再进行下一步操作。

图 3—15　燕麦发糕

（3）一定等面浆涨发充分再开始蒸制。

模块六　其他面坯品种制作

一、黄桂柿子饼

我国是世界上产柿最多的国家，品种有 300 多种。从色泽上可分为红柿、黄柿、青柿、朱柿、白柿、乌柿等，从果形上可分为圆柿、长柿、方柿、葫芦柿、牛心柿等。本面点要选用果皮、果肉橙红色或鲜红色，果浆多，无核，肉质细密、多汁的柿子品种。

1. 操作准备

（1）工具准备

案台、案板、电饼铛、台秤、盆、刀、刮刀、罗、油刷。

（2）原料准备

经验配方：熟透的柿子 600 g，面粉 500 g。

馅心原料：白糖 200 g，猪板油 100 g，黄桂酱 30 g，玫瑰酱 10 g，熟核桃仁 50 g，青红丝 10 g，熟面粉 100 g。

2. 操作步骤

步骤 1：熟透的柿子去蒂揭皮后，放入盛器中，过罗取柿子汁。

步骤 2：面粉放在案子上，用刮刀将面粉中间开窝，放入柿子汁；左手握刮刀，右手将面粉和柿子汁搅和均匀，双手配合将面粉与柿子汁叠压成柔软光滑的柿子面坯。

步骤 3：猪板油撕去油膜，切成黄豆粒大小的丁；青红丝、核桃仁切碎；白糖放入盛器中，加入黄桂酱、玫瑰酱拌匀；再放入板油丁、熟面粉搓拌；最后加入切碎的青红丝、核桃仁，搓拌成有黏性的黄桂白糖馅。

步骤 4：将面坯搓条，切成 30 g 重的剂子；取一剂子蘸上干粉按扁，包入馅心，拢上收口做成圆球形生坯。

步骤 5：电饼铛开 2 挡（中火），铛底刷油，放入球形生坯，盖严铛盖；约 4～5 min 后，待饼坯上下面色泽金黄熟透时，出锅即成。

3. 成品特点（见图 3—16）

成品形状	圆形饼状
成品颜色	色泽橘黄至金黄
成品质感	软糯，表皮香脆，不韧不硬
成品口味	柿味浓厚，黄桂芳香

图 3—16　柿子饼

4. 特别提醒

(1) 柿子饼应趁热食用，此时口感软糯黏甜。

(2) 选择熟透的软柿子取汁，如果柿子汁少而面坯硬，会造成成品吃口硬而不糯。

(3) 烙制温度要合适，且电饼铛要盖严盖子，否则成品面皮口感发硬。

二、南瓜饼

由于南瓜含水量有差异，因而掺粉的比例必须根据具体情况酌情掌握。本配方在工艺中还需根据南瓜的含水量调整糯米粉或澄粉的比例。根据粉料的性质，糯米粉多，成品质感黏糯，澄粉多，成品质感滑脆。

南瓜饼成品应具有南瓜的特殊香味，因而要尽可能少用粉料。鉴于此，南瓜要选用含水量少的老一些的南瓜，以尽量减少掺粉量，显出南瓜香味。另外，由于此面坯极有特色，成品属于轻馅品种，所以馅心比重不能超过面坯分量的30%。

1. 操作准备

(1) 工具准备

案台、炉灶、案板、蒸锅（箱）、台秤、盆、刀、刮皮刀、木模、油刷。

(2) 原料准备

经验配方：糯米粉300 g，澄粉100 g，南瓜250 g，白糖50 g，桂花酱、黄油各150 g。

馅心原料：莲蓉馅300 g。

辅助原料：植物油150 g。

2. 操作步骤

步骤1：将南瓜去皮、去子洗净，切成块，放入蒸锅内蒸熟。

步骤2：蒸熟的南瓜出锅放在案板上，用长木铲趁热拌进黄油、糯米粉、澄粉、白糖、桂花酱，待原料不烫手，用手将全部原料搓擦成面坯。

步骤 3：将面坯搓条。根据模具大小下面剂，用手捏成边缘稍薄、中间稍厚的碗形面坯，包入莲蓉馅；用手将面皮的四周拢上，收口，将其包制成近似于圆球形状。

步骤 4：将木模内壁稍撒澄粉，将球形生坯嵌入木模内，用手将面坯按实；手握木模手把，将木模的左右侧分别在案子上用力各磕一次，使木模内面坯左右侧与木模分离，再将木模底面向上，用力在案子上再磕一下，将生坯磕出，轻轻用手拿起生坯，码入刷过油的笼屉内。

步骤 5：将笼屉放入蒸锅，旺火蒸制 10 min 至饼坯呈透明状熟透即可。

3. 成品特点（见图 3—17）

成品形状	与磨具形状相同，表面纹路清晰，棱角分明
成品颜色	色泽金黄，呈半透明状
成品质感	软、糯、黏、韧
成品口味	瓜香浓郁

图 3—17　南瓜饼

4. 特别提醒

(1) 成品需要趁热食用。

(2) 蒸熟的南瓜饼晾凉后用保鲜膜封好，放入冰箱冷冻半月以上仍可食用。食用前需先化冻，既可回锅蒸，也可上煎盘加热。

三、腊味萝卜糕

腊味萝卜糕是广式面点的代表品种，可批量生产，且耐储存，适合冬季食用。

1. 操作准备

(1) 工具准备

台秤、盆、抽子、炉灶、蒸锅、不锈钢长方盘、保鲜膜、煸锅、平铲、刀。

(2) 原料准备

经验配方：籼米粉 900 g，生粉 80 g，澄面 150 g，白萝卜 1 800 g。

辅助原料：盐 50 g，味精 50 g，糖 50 g，胡椒粉 5 g，香油 30 g，腊肠 80 g，腊肉 80 g，生油 300 g，水发冬菇 80 g，海米 80 g，清水 3 600 g。

2. 操作步骤

步骤 1：白萝卜去皮切丝，焯水待用；腊肠、腊肉、水发冬菇切小粒，海米泡软后切碎，全部焯水备用。

步骤 2：将籼米粉、生粉、澄面、盐、味精、糖、胡椒粉、香油倒入盆内，慢慢加入清水 1 800 g 用抽子搅匀，加入萝卜丝拌匀成粉浆备用。

步骤 3：另起煸锅，放少许油，将腊肠、腊肉、水发冬菇、海米炒香，加入清水 1 800 g、生油 300 g，水烧开后倒入粉浆，用抽子迅速搅匀成稀糊状生浆。

步骤 4：不锈钢盘表面刷油，铺上一层保鲜膜，将生浆倒入盘内，面上再盖一层保鲜膜。

步骤 5：蒸锅预热将水烧开，萝卜糕生浆上蒸锅旺火蒸 40 min；取出蒸熟的萝卜糕，去掉面上保鲜膜，在糕面上刷一层生油，冷却后放入冰箱，成腊味萝卜糕熟坯。

步骤 6：食用前从冰箱中取出糕坯，用刀切成长方体块；煸锅上火加热，倒少量油，将萝卜糕放入热锅中，待萝卜糕两面金黄焦脆时出锅，码盘即可食用。

3. 成品特点（见图 3—18）

成品形状	片状
成品颜色	金镶白玉
成品质感	清淡软滑
成品口味	咸鲜适口

图 3—18　腊味萝卜糕

4. 特别提醒

（1）萝卜丝、腊肠、腊肉要焯透，否则成品有萝卜膻味或异味。

（2）粉浆要开匀，否则蒸熟后糕内有粉块。

（3）和面时水要烧沸，否则面坯不成糊状。

（4）蒸糕时表面要封保鲜膜，否则蒸熟后糕面不平整。

（5）蒸制时间要按照盛器的大小、深浅确定，一般盛器深，蒸制时间稍长。

（6）萝卜糕坯必须冷却，否则易碎不成块，不易切片且粘刀。

培训大纲建议

一、培训目标

通过培训，培训对象可以在餐饮行业的中式面点师岗位工作，或在从事民俗旅游接待、家政服务等工作时完成面食品的制作。

1. 理论知识培训目标

（1）熟悉中式面点师的工作任务

（2）熟悉中式面点师所用工具设备的性能并掌握使用方法

（3）掌握厨房生产安全规范

（4）掌握厨房生产卫生规范

（5）了解中式面点各类面坯性质形成的基本原理

（6）掌握中式面点常用原料的性质、特点

（7）掌握中式面点各熟制方法的技术关键

2. 操作技能培训目标

（1）能够严格按厨房生产安全要求上岗

（2）能够严格按厨房卫生规范要求上岗

（3）能够认知中式面点常用原料

（4）能够独立完成中式面点常用水调面坯、膨松面坯、层酥面坯、米粉面坯和杂粮面坯的调制

（5）能够较熟练完成中式面点大部分基本技术动作

（6）能够较熟练完成中式面点常见成型方法

（7）能够较熟练完成中式面点常见熟制方法

（8）能够独立完成20道中式面点品种的制作

二、培训课时安排

总课时数：96课时

理论知识课时：38课时

操作技能课时：58课时

具体培训课时分配见下表。

培训课时分配表

<table>
<tr><th>培训内容</th><th>理论知识课时</th><th>操作技能课时</th><th>总课时</th><th>培训建议</th></tr>
<tr><td>第一单元　岗位认知</td><td>12</td><td>2</td><td>14</td><td rowspan="6">重点：
1. 厨房生产安全
2. 厨房卫生规范
难点：
1. 生产工具与设备的使用方法
2. 厨房生产安全习惯的养成
建议：
1. 在厨房（或仿真厨房）认识面点生产工具与设备，并在教师指导下学习设备的操作方法
2. 教师在厨房（或仿真厨房）演示厨房生产安全动作及卫生规范动作</td></tr>
<tr><td>模块一　中式面点师岗位入门</td><td>1</td><td>0</td><td>1</td></tr>
<tr><td>模块二　中式面点师的生产任务</td><td>1</td><td>0</td><td>1</td></tr>
<tr><td>模块三　面点生产工具与设备</td><td>2</td><td>2</td><td>4</td></tr>
<tr><td>模块四　面点厨房生产安全</td><td>4</td><td>0</td><td>4</td></tr>
<tr><td>模块五　面点厨房卫生规范</td><td>4</td><td>0</td><td>4</td></tr>
<tr><td>第二单元　中式面点基本常识</td><td>26</td><td>16</td><td>42</td><td rowspan="4">重点：
1. 常用面坯的性质特点
2. 常用原料的性质特点
难点：
1. 面坯性质形成的原理
2. 中式面点基本技术动作
建议：
1. 模块一、模块二教学中，教师要注重理论联系实际
2. 模块三教学中，应让学员在厨房反复练习，直至掌握为止</td></tr>
<tr><td>模块一　中式面点常用面坯</td><td>10</td><td>0</td><td>10</td></tr>
<tr><td>模块二　中式面点常用原料</td><td>8</td><td>0</td><td>8</td></tr>
<tr><td>模块三　中式面点基本技术动作</td><td>8</td><td>16</td><td>24</td></tr>
<tr><td>第三单元　中式面点常见品种制作</td><td>0</td><td>40</td><td>40</td><td rowspan="7">重点：
1. 掌握各类面坯的调制方法
2. 掌握各个品种的成型方法
3. 掌握各个品种的熟制方法
难点：
1. 根据季节、气候、原料调节面坯配方
2. 根据面坯性质、消费人群确定成型方法与熟制方法
建议：
先由教师示范规范性操作，学员独立完成每一品种制作，学员互相品尝并评议，教师讲评</td></tr>
<tr><td>模块一　水调面坯品种制作</td><td>0</td><td>8</td><td>8</td></tr>
<tr><td>模块二　膨松面坯品种制作</td><td>0</td><td>8</td><td>8</td></tr>
<tr><td>模块三　层酥面坯品种制作</td><td>0</td><td>8</td><td>8</td></tr>
<tr><td>模块四　米粉面坯品种制作</td><td>0</td><td>8</td><td>8</td></tr>
<tr><td>模块五　杂粮面坯品种制作</td><td>0</td><td>8</td><td>8</td></tr>
<tr><td>合计</td><td>38</td><td>58</td><td>96</td></tr>
</table>